Stefan Lipp

Numerische Simulation turbulenter reaktiver Strömungen mit einem hybriden CFD/transported PDF Modell

Numerische Simulation turbulenter reaktiver Strömungen mit einem hybriden CFD/transported PDF Modell

von
Stefan Lipp

Dissertation, Karlsruher Institut für Technologie
Fakultät für Maschinenbau
Tag der mündlichen Prüfung: 23. März 2011

Impressum

Karlsruher Institut für Technologie (KIT)
KIT Scientific Publishing
Straße am Forum 2
D-76131 Karlsruhe
www.ksp.kit.edu

KIT – Universität des Landes Baden-Württemberg und nationales
Forschungszentrum in der Helmholtz-Gemeinschaft

KIT Scientific Publishing 2011
Print on Demand

ISBN 978-3-86644-678-6

Karlsruher Institut für Technologie

Numerische Simulation turbulenter reaktiver Strömungen mit einem hybriden CFD/transported PDF Modell

Zur Erlangung des akademischen Grades eines Doktors der Ingenieurwissenschaften
von der Fakultät für Maschinenbau des Karlsruher Instituts für Technologie
genehmigte Dissertation

von

Dipl.-Ing. Stefan Lipp

aus Karlsruhe

Hauptreferent: Prof. Dr. rer. nat. habil. Ulrich Maas
Korreferent: Prof. Dr.-Ing. habil. Andreas Class

Tag der mündlichen Prüfung: 23.03.2011

Institut für Technische Thermodynamik
Prof. Dr. rer. nat. habil. U. Maas

KIT – Universität des Landes Baden-Württemberg und
nationales Forschungszentrum in der Helmholtz-Gemeinschaft

Vorwort

Die vorliegenden Arbeit entstand während meiner Tätigkeit als akademischer Mitarbeiter am Institut für Technische Thermodynamik (ITT) des Karlsruher Instituts für Technologie (KIT). Zahlreiche Personen haben zum Gelingen dieser Arbeit beigetragen, denen ich allen an dieser Stelle herzlich danken möchte. Wenn ich im folgenden einige wenige namentlich erwähne mag doch niemand, der sich nicht in der Aufzählung findet und mich trotzdem in welcher Form auch immer unterstützt und begleitet hat, sich geringgeschätzt fühlen. Ich bin für jede auch noch so kleine Unterstüzung sehr dankbar. Es liegt aber leider in der Natur der Sache, dass einzelne zu erwähnen immer bedeutet andere, die auch einen Beitrag geleistet haben, unerwähnt zu lassen.

Als erstes sei meinem wissenschaftlichen Betreuer Prof. Dr. rer. nat. habil. Ulrich Maas für die Möglichkeit zur Durchführung der Arbeit an seinem Institut gedankt. Die interssante Aufgabenstellung, seine persönliche Unterstützung und die vielen interessanten wissenschaftlichen Diskusionen, die ich mit ihm führen durfte, haben entscheidend zum Gelingen der Arbeit beigetragen.

Zusätzlich danke ich Prof. Dr.-Ing. habil. Andreas Class für die freundliche Übernahme des Korreferats und die hilfreichen Hinweise zur Arbeit.

Allen akutellen und ehemaligen Kollegen am ITT danke ich für die freundschaftliche Arbeitsatmosphäre und die große Hilfsbereitschaft bei allen Problemen. Besonders erwähnen möchte ich meinen langjährigen Zimmerkollegen Florian Zieker mit dem ich viele fachlich und menschlich hoch interessante Diskusionen zu vielfältigen Aspekten der technischen Verbrennung und des Alltagslebens führen durfte. Ich danke ihm für das viele, dass ich dabei fachlich und menschlich von ihm lernen konnte. Für die Hilfe und Unterstützung besonders in der Anfangszeit als akademischer Mitarbeiter danke ich meinen ehemaligen Kollegen Rainer Stauch und Alexander Schubert sehr herzlich. Fachlich hat die Arbeit insbesondere in der zweiten Hälfte wesentlich von den Diskusionen und Anregungen von Gerd Steinhilber profitiert. Hierfür sei ihm neben mancher anderer Unterstützung beim Thema PDF Modellierung ein besonders großer Dank ausgesprochen.

Mark Scherr danke ich für die stets rasche und fundierte Hilfe bei allen LATEX Problemen, die bei der Erstellung der schriftlichen Ausarbeitung dieser Arbeit aufgetreten sind. Darüberhinaus stand er mir gemeinsam mit Christian Hofrath auch immer wieder bei Unklarheiten, Fragen und Problemen zu der faszinierend Welt der Thermodynamik zur Verfügung. Beiden sei dafür an dieser Stelle besonders herzlich gedankt.

Ebenfalls danke ich Peter Lammers (ehemals Höchstleistungsrechenzentrum Stuttgart) sehr für seine Unterstützung bei der Portierung des Simulationscodes auf die NEC SX-8 am HLRS und die sehr interessanten Diskussionen und Hinweise zum Thema Höchstleistungsrechnen.

I

Franco Magagnato vom Fachgebiet Strömungsmaschinen des KIT danke ich für die freundliche Überlassung des Strömungslösers SPARC und Unterstützung bei der Einarbeitung in diesen Simulationscode.

Allen Studien- und Diplomarbeitern, die ebenfalls einen Teil zum Gelingen dieser Arbeit beigetragen haben, sei auch herzlich gedankt.

Die Arbeit wurde finanziell durch die DFG im Rahmen des Paketprojekts „Flammenbeschleunigung in Wirbelröhren" und den Sonderforschungsbereich 606 im Rahmen verschiedener Teilprojekte gefördert, sowie durch das Höchstleistungsrechenzentrum Stuttgart (HLRS) im Rahmen des vom Bundesminstrerium für Bildung und Forschung geförderten Vorhabens „Teraflop Workbench" durch die Bereitstellung von Rechenzeit unterstützt.

Abschließend sei noch ein besonderer Dank an meine Eltern ausgesprochen, die mich in allem meinem Tun stets vorbehaltlos und liebevoll unterstützt haben und mich viel Gutes und Nützliches für das Leben gelehrt haben.

Stefan Lipp   Karlsruhe im April 2011

Inhaltsverzeichnis

Abbildungsverzeichnis

Tabellenverzeichnis

Abstract

The mathematical modelling of turbulent flames is a challenging task due to the intense coupling between turbulent transport processes and chemical kinetics. In this thesis a mathematical model focused upon the turbulence-chemistry interaction is presented. This model is intended to be generic in terms of being applicable to different combustion regimes (e.g. premixed and non-premixed flames, low and high turbulence levels, steady and non-steady flows, flames determined either by chemical or physical time scales) and predictive. In the scientific community as well as in industrial applications an increasing demand for reliable predictive models can be observed. Such models need to treat combustion chemistry without the use of oversimplified kinetic models. This is vitally important for the improvement of industrial combustion devices like gas turbines or internal combustion engines towards an improved fuel efficiency and new low emission goals. The standard models for non-reacting flows (RANS/LES) cannot satisfactorily tackle the problem of the strong non-linearity of the chemical source term, which is often modeled by making use of oversimplified closure assumptions. Additionally these models often suffer from a poor modelling of the turbulence-chemistry interaction. Since probability density functions (PDF) allow a detailed modelling of this effect they are used in the model presented in this work. Showing a high capability for modelling turbulent combustion processes by treating convection and finite-rate chemistry exact only the effect of molecular mixing has to be modelled.

In the presented model is a hybrid CFD/transported PDF scheme is derived. In order to get the mean velocity and pressure fields together with the turbulent time scale the compressible Navier-Stokes equations are solved by a finite volume solver. This solver is coupled with a PDF solver to optain the thermokinetic state of the fluid. Chemical kinetics are taken into account by using automatically reduced chemical reaction mechanisms. The detailed mechanisms are reduced with the recently developed REDIM method which allows a sound description of the reaction progress using only a very small number of variables (two in this case) and already accounts for the effect of molecular transport in state space. The model was validated with a broad experimental data base taken from literature. First of all a statically stationary non-premixed and a statistically stationary premixed flame were investigated. Subsequently the model was used to simulate a flame flashback phenomenon in a swirl stabilized lean premixed flame.

For both the premixed and the non-premixed flame the results of the model validation simulations show a good agreement of the experimental data and the results of the simulations. Spacial profiles of velocity, mixture fraction, temperature and different species depending on the available experimental data base are studied. The global operation parameters of both flames cover a wide range of Reynolds and Damköhler numbers and thus a wide range of turbulence intensities and ratios of physical and chemical time scales.

Based upon the validation calculations the model was used for analysis and prediction of flame flashback in lean premixed combustion devices. The device investigated was a simplified model of a real combustion chamber used within an industrial gas turbine. The flame is stabilized by a swirling main flow and a backward facing step at the intersection of the premixing duct and the combustion chamber. The occuring flashback mode differs notably from many modes already broadly discused in the literature. It is named combustion induced vortex breakdown (CIVB). Such a flashback is initiated by enriching the mixture. Detailed analysis of a single flashback event reveals that enriching first leads to constriction of a small backflow bubble from the main backflow area. At further enrichment this bubble travels upstream transporting the flame into the premixing duct. As driving mechanism the negative azimutal vorticity which is produced at the tip of the backflow bubble was identified. The negative azimutal vorticity induces a momentum in negative axial direction on the backflow bubble. This term is determined by the cross product of the density and the pressure gradient. Parameterical studies should clarify the influence of two global operation parameters namely the premixing temperature and the total mass flux upon the flashback behaviour of the flame. Two general trends where observed. An increase in the premixing temperature shifts the flashback point towards leaner mixtures due to the increased gradient at the flame front by the increasing preheat temperature. Larger inlet mass fluxes shift the flashback point towards richer mixtures. The higher inlet mass flux leads to a higher momentum in positive axial direction which has to be outbalanced by the momentum in negative axial direction created by the negative azimutal vorticity a the flame tip.

Kapitel 1

Einleitung

Die Entdeckung und Nutzbarmachung des Feuers in der Geschichte der Menschheit reicht nach heute gesicherten wissenschaftlichen Erkenntnissen schon nahezu eine Million Jahre zurück [51] und kann sogar bei den Vorfahren des modernen Menschen nachgewiesen werden [52]. Der Einsatz der Verbrennung als Technologie findet sich schon früh in nahezu allen Kulturen weltweit wieder. Über die Jahrhunderte und Jahrtausende hinweg hat sich jedoch die Art des Einsatzes stark verändert. In den frühen Kulturen dienten die offenen Feuerstellen hauptsächlich der Aufbereitung von Nahrungsmitteln und des Heizens von Wohnbereichen oder Lagerstätten. Heute sind die Einsatzgebiete weit vielfältiger. Verbrennungsprozesse in Kolbenmaschinen oder Flugtriebwerken dienen der Fortbewegung oder dem fördern und pumpen von Fluiden, Verbrennungsprozesse in Kraftwerken werden zur Erzeugung von elektrischem Strom eingesetzt, dezentrale Haushaltsbrenner sorgen für die Versorgung von Haushalten mit Warmwasser und Wärme und in großtechnischen Feuerungsanlagen werden unter anderem Haushalts- und Industrieabfälle thermisch behandelt. Diese Aufzählung ließe sich noch nahezu beliebig ergänzen.

Problematisch am Einsatz von Verbrennungsprozessen sind im wesentlichen drei Dinge. Zum einen verursachen Verbrennungsprozesse häufig eine ungewollte Emission von Schadstoffen in die Atmosphäre. So kann es durch unvollständige Verbrennung zur Emission von auf den Menschen toxisch wirkendem Kohlenmonoxid oder zum Ausstoß von toxischen oder cancerogenen unverbrannten Kohlenwasserstoffen kommen. Zusätzlich können durch Verunreinigungen im Brennstoff weitere Schadstoffe entstehen. Als Beispiel seien hier die durch Schwefeleinlagerungen in Kohle oder Benzin entstehenden Emissionen von Schwefeloxiden genannt. Weiterhin sind die Resourcen der eingesetzten fossilen Brennstoffe wie Kohle, Erdöl oder Erdgas endlich und fordern, dass technische Verbrennungsprozesse immer weiter hinsichtlich ihrer Effizienz hin optimiert werden müssen. Das letzte Problem stellen die bei der Verbrennung fossiler Brennstoffe unvermeidlichen Kohlendioxidemissionen dar. Aktuelle Studien und wissenschaftliche Arbeiten legen nahe, dass die von Menschen verursachten Kohlendioxidemissionen Auswirkungen auf das globale Klima der Erde haben [60].

Die Auswirkungen der Klimaänderung können in weiten Teilen eine sehr negative Wirkung auf die Lebensbedingungen und Lebensräume vieler Menschen weltweit haben.
Vor diesem Hintergrund kommt der Forschung im Bereich technischer Verbrennung in Wissenschaft und Technik heute und auch in absehbarer Zukunft eine wichtige Rolle zu. Weitere Optimierung bereits etablierter Verbrennungssysteme fordert einen immer tiefgehenderen Einblick in die in diesen Systemen ablaufenden sehr komplexen physikalischen und chemischen Prozesse.

1.1   Motivation

Um einen tiefgehenden Einblick in die physikalischen und chemischen Prozesse während einer Verbrennung erreichen zu können, sind detaillierte Untersuchungen und Analysen notwendig. Hierbei ist sowohl an die Analyse von mittleren oder instantanen Geschwindigkeits- oder Temperaturfeldern sowie der Konzentration verschiedener Spezies, als auch an die Untersuchung verschiedener äußerer Einfluss- und Betriebsparameter zu denken.
Die numerische Simulation kann dabei eine wertvolle Ergänzung zu experimentellen Untersuchungen darstellen. Sie ermöglicht oftmals einen tieferen Einblick in den Charakter physikalischer und chemischer Prozesse und deren Kopplung als dies bei experimenellen Untersuchungen aufgrund von messtechnischen Schwierigkeiten erreichbar ist. Man denke nur an die Problematik des Designs eines nicht inversiven Experiments oder die Schwierigkeiten bei der Schaffung einer optischen Zugänglichkeit des zu untersuchenden Objekts. Die numerische Simulation ermöglicht eine detaillierte Untersuchung der Interaktion zwischen chemischer Kinetik und physikalischen Transportprozessen. Diese Untersuchungen sind unerlässlich für das theoretische Verständnis von Transportprozessen und somit notwendig zur Neu- und Weiterentwicklung bestehender Modelle und technischer Systeme. Zusätzlich lassen sich im Rahmen von Simulationen äußere Einflussfaktoren ohne übermäßigen Mehraufwand gezielt und separat variieren. Sensitivitätsanalysen erlauben darüberhinaus eine detaillierte Analyse des äußeren Einflussfaktoren. Neben den diskutierten Vorteilen bietet die numerische Simualtion noch eine Reihe weiterer Vorteile [86]. Nichts desto trotz stellt die numerische Simulation keinesfalls einen Ersatz für experimentelle Untersuchungen dar, sondern sie kann vielmehr als eine sinnvolle Ergänzung dieser betrachtet werden. So erfolgt beispielsweise die Verifizierung mathematischer Modelle und numerischer Simulationen immer durch den Vergleich der Resultate mit experimentellen Ergebnissen.
In vielen technischen Anwendungen besteht ein großer Bedarf nach zuverlässigen prädiktiven Modellen turbulenter Flammen [56, 73]. Beispielhaft sei hier nur die Entwicklung moderner schadstoffarmer Brennerkonzepte für Gasturbinen [8] und aktuelle Forschungsarbeiten für verbrauchsarme Verbrennungsmotoren [1, 7, 142] und optimierte Großfeuerungsanlagen [147] angeführt. Gekennzeichnet sind alle diese Anwendungsfälle durch die komplexe Wechselwirkung von Turbulenz und chemischer Kinetik, die Maßgeblich das Erscheinungs-

bild und die Phänomene in diesen Verbrennungsprozessen bestimmt. Im besonderen neue Emissionsgrenzwerte und immer weiter steigende Anforderungen an die Effizienz aktueller Systeme benötigen detaillierte Simulationsmodelle, die in der Lage sind die chemischen Vorgänge bei einer Verbrennung ohne übervereinfachende Modelle zu beschreiben.

Hinzu kommt, dass in vielen heutigen Anwendungen magere Flammen eingesetzt werden. Vorteilhaft sind hierbei die durch die geringern Verbrennungstemperaturen geringern Emissionen von (thermischen) Stickoxiden [84] und ein durch den Luftüberschuss deutlich verminderten Ausstoss von Ruß und unverbrannten Kohlenwasserstoffen [15]. Jedoch wird es dann notwendig die chemische Kinetik auch nahe an der mageren Löschgrenze zuverlässig beschreiben zu können. Bei modernen Gasturbinenbrennern werden häufig mager betriebene aerodynamisch stabilisierte Flammen eingesetzt [13]. Diese bieten den Vorteil durch hohe Turbulenz und zusätzliche Verdrallung der Strömung eine intensive Mischung von Brennstoff und Luft beziehungsweise von Reaktionsprodukten und Frischgemisch zu realisieren. So kann auf einem kleinen und kompakten Bauraum eine hohe Umsatzrate des Brennstoffs erreicht werden. Die in einem bestimmten Volumen umgesetzte thermische Leistung (Leistungsdichte) ist im Vergleich zu unverdrallten Flammen gleicher Zusammensetzung sehr hoch. Allerdings haben Flammen dieses Typs auch eine Reihe von Nachteilen. So zeigen sie mehrere typische Instabilitäten wie zum Beispiel thermoakustische Schwingungen, lokal präzidierende Wirbelkerne und unter gewissen Umständen sogar Flammenrückschläge durch verbrennungsinduzierten Wirbelzerfall. Alle diese Phänomene sind kritisch wenn ein sicher Betrieb einer solchen Flamme in einem technischen System gewährleistet werden soll.

1.2 Phänomenologie

Die Vorgänge in turbulenten Flammen sind gekennzeichnet durch eine starke Interaktion von Strömung, Turbulenz und Chemie. Sie spielen sich zudem auf einem weiten Bereich von Zeit- und Längenskalen ab. So kommt es auf den großen Längenskalen zur Produktion von Turbulenz. Der hierfür relevante Längenbereich liegt im Bereich charakteristischer makroskopischer Abmessungen von einigen Millimetern bis in extremen Fällen hin zu einigen Metern. Die Dissipation findet auf der Kolomogorovschen Längenskala statt. Es gibt sehr schnelle chemische Reaktionen wie zum Beispiel Radikalreaktionen und sehr langsame Reaktion wie beispielsweise die Bildung von Stickoxiden. Hinzukommt, dass die Zeit- und Längenskalen wie in Abbildung 1.1 zu erkennen zusätzlich noch in einem realen Verbrennungsprozess stark überlappen.

Die Standardverfahren für nicht-reagierende Strömungen (RANS, LES) können das Problem der starken Nichtlinearität des chemischen Quellterms nicht zufriedenstellen behandeln und die Qualität der Ergebnisse leidet oftmals unter einer mangelhaften Modellierung der Turbulenz-Chemie Interaktion, wohingegen zum Beispiel durch die Anwendung von Wahrscheinlichkeitsdichtefunktionsmethoden (PDF) eine detaillierte Modellierung dieses

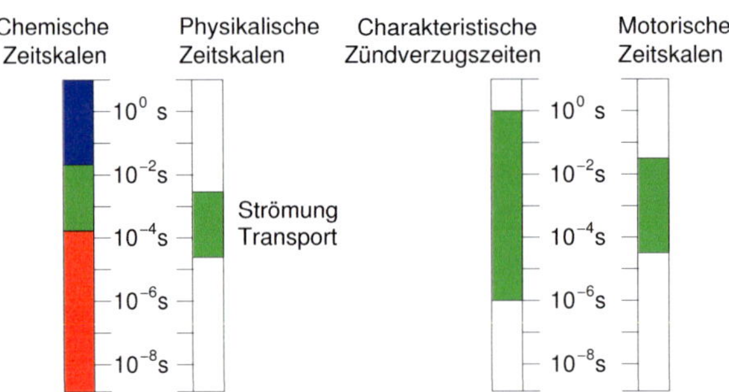

Abbildung 1.1: Charakteristische Zeitskalen der physikalischen und chemischen Prozesse sowie typische Zündverzugszeiten und motorische Zeitskalen [159]

Effekts möglich ist. PDF Methoden zeigen eine hohe Leistungsfähigkeit bei der Modellierung turbulenter Flammen, da sie sowohl den Einfluß von Konvektion als auch chemische Reaktionen exakt behandeln können [124, 126] und nur der Einfluß von molekularer Mischung modelliert werden muss [98, 99, 132].

Die in der Literatur zu findenden PDF Modelle lassen sich grob in zwei Klassen untergliedern. Einige Autoren nutzen ein „stand alone"-PDF Verfahren, bei welchem alle hydrodynamischen und thermokinetischen Eigenschaften des Fluids aus einer Verbundwahrscheinlichkeitsdichtefunktion (JPDF) berechnet werden (z.B. [82, 82, 133, 135, 153]). Andere Autoren wiederum bestimmen nur einen bestimmten Teil des hydrodynamischen und thermokinetischen Zustandsvektors aus einer JPDF und berechnen die übrigen Eigenschaften mit einem gewöhnlichen CFD Löser für die Navier-Stokes Gleichungen (z.B. [10, 63, 104, 167]).

Grundsätzlich ist die Form der PDF in einem turbulenten Verbrennungsprozess a priori unbekannt. Ein allgemeingültiger Ansatz zur Bestimmung der PDF besteht in der Lösung einer Transportgleichung für die PDF selbst. Auf dieses Verfahren wird auch in der vorliegenden Arbeit zurückgegriffen. Vereinfachende Anätze mit einer a priori Formannahme (z.B. eine Betafunktion) für die PDF selbst und dem anschließenden ausschließlichen Bestimmen der Momente der Verteilungsfunktion kommen wegen ihrer nicht allgemeinen Gültigkeit nicht zum Einsatz. Die Transportgleichung für die PDF kann aus den Navier-Stokes Gleichungen abgeleitet werden [124]. Wie bereits oben erwähnt tritt sowohl der chemische Quellterm als auch der Term der die Volumenkräfte und den Einfluss des mittleren Druckgradienten beschreibt in geschlossener Form auf. Lediglich der Term der den Effekt des fluktuierenden Druckgradienten und des molekularen Mischens beschreibt muss modelliert werden. Numerisch unterscheidet sich die Behandlung der PDF Transportgleichung deutlich von den Navier-Stokes Gleichungen. Im Gegensatz von dem System partieller Differentialgleichungen welches die Navier-Stokes Gleichungen darstellen, ist die Transportgleichung der PDF eine multidimensionale skalare Erhaltungsgleichung. Sie besitzt im allgemeinen $7 + n_s$ unabhänige Variablen. Dies sind drei Dimensionen im Ortsraum, drei Dimensionen im

Geschwindigkeitsraum, die Zeit und die Zahl der Skalare n_s die notwendig sind um den thermochemischen Zustand des Fluids zu beschreiben. Wegen ihrer hohen Dimensionalität ist es (zumindest in den allermeisten Fällen) nicht praktikabel die Gleichung mit Finite Volumen oder Finite Differenzen Verfahren zu lösen. Aus diesem Grund werden Monte Carlo Verfahren verwendet, die in der Numerik dort weite Verbreitung finden wo Probleme hoher Dimensionalität zu lösen sind. Ihr wesentlicher Vorteil ist, dass der numerische Aufwand nur linear mit der Anzahl an Dimensionen zunimmt.

Das Lösungsverfahren nutzt eine spezielle Eigenschaft der PDF. Die kontinuierliche PDF kann durch eine diskrete Verteilungsfunktion angenähert werden. Die diskrete Verteilungsfunktion setzt sich aus verschiedenen möglichen Einzelrealisierungen der Strömung zusammen, deren zeitliche und räumliche Entwicklung durch stochatische Prozesse beschrieben wird. Jede dieser Einzelrealisierungen stellt ein sogenanntes stochastisches Partikel dar. Durch ein Ensemble solcher stochastischer Partikel kann die PDF rekonstruiert werden [122]. Die Transportgleichung der PDF wird in diesem Zusammenhang in ein System gewöhnlicher (stochastischer) Differentialgleichungen transformiert. Die verfügbaren Monte Carlo Verfahren verursachen ein starkes Rauschen beim Lösen dieses Differentialgleichungssystems, welches zu Stabilitätsproblemen bei der Bestimmung des mittleren Druckgradienten führen kann. Eine Möglichkeit diese Stabilitätsprobleme zu beseitigen ist die Partikelmethode mit einem konventionellen Finite Volumen Löser zu koppeln um den mittleren Druckgradient aus den Navier-Stokes Gleichungen zu berechnen. Diese sogenannten hybriden PDF/CFD Verfahren wurde bereits von verschiedenen Autoren für eine Vielzahl verschiedener Flammentypen eingesetzt (z.B. [62, 103, 131, 151]).

In der vorliegenden Arbeit wird ebenfalls ein hybrides Lösungsschema benutzt. Die kompressiblen Navier-Stokes Gleichungen werden mit einem Finite Volumen Löser gelöst um die mittleren Geschwindigkeiten und den mittleren Druckgradienten zu erhalten. Dieser Löser wird mit einem PDF Verfahren gekoppelt um den thermokinetischen Zustand des Fluids bestimmen zu können. Der Einfluss der chemischen Kinetik wird durch automatisch reduzierte detaillierte Reaktionsmechanismen erfasst. Der detaillierte Reaktionsmechanismus wird mit dem kürzlich entwickelten REDIM Verfahren reduziert [24]. Dieses erlaubt eine zuverlässige Beschreibung der chemischen Kinetik bereits mit einer sehr geringen Zahl von Parametern. Im vorliegenden Fall sind dies zwei Parameter. REDIM berücksichtigt dabei bereits den Einfluss von molekularem Transport im Zustandsraum.

1.3   Zielsetzung

Zielsetzung dieser Arbeit ist die Entwicklung und Validierung eines Gesamtmodells zur Simulation turbulenter Verbrennungsprozesse. In der Literatur sind eine große Zahl solcher Modelle zu finden. Wesentliches Augenmerk soll deshalb auf hochwertigen Modellen für die Wechselwirkung von Chemie und Turbulenz sowie auf der zuverlässigen Beschreibung der chemischen Kinetik liegen. Eingesetzt werden hierzu Verbundwahrscheinlichkeitsdichtefunktionen, die aus einer Transportgleichung berechnet werden und automatisch reduzierte detaillierte Reaktionsmechanismen.

Das Gesamtmodell soll sich zur Anwendung auf ein möglichst breites Spektrum verschiedener Verbrennungsprozesse eignen. Aus diesem Grund wird versucht das Verfahren anhand verschiedener experimentell gut charakterisierter Flammen zu validieren. Zu Einsatz kommen hierbei eine vorgemischte und eine nicht-vorgemischte Methan/Luft Flamme. Der Betriebsbereich der Flammen deckt einen weiten Bereich verschiedener mittlerer Geschwindigkeiten und Turbulenzgrade ab. Das Verhältnis der physikalischen und chemischen Zeitskalen (Damköhlerzahl) variiert in den untersuchten Fällen ebenfalls deutlich. Als Validierungsgrößen werden die mittleren Geschwindigkeiten, die turbulenten Schwankungsgrößen sowie verschiedene skalare Größen wie Temperatur und die Konzentration verschiedener Spezies in der Flamme herangezogen.

Aufbauend auf den Validierungsrechungen für die erwähnten Flammen, die alle statistisch stationär sind, soll untersucht werden ob mit diesem Modell auch transiente Phänome in realen Verbrennungsprozessen beschrieben und analysiert werden können. Der hierfür ausgewählte Testfall ist die Untersuchung von Phänomenen, die zu Flammenrückschlägen in mager vorgemischten Brennkammern von Gasturbinen führen können. Speziell untersucht wird ein Rückschlagmodus: das verbrennungsinduzierte Wirbelaufplatzen. Es entsteht durch anfetten des Gemisches bei einer sonst stabilen Flamme. Dieser Effekt wird insbesondere dann kritisch, wenn die Betriebssicherheit einer Gasturbine gewährleistet werden muss. Untersucht wird im Detail welche wirbeldynamischen Effekte in Interaktion mit der Verbrennung zum Rückschlag führen. Für die Brennkammer relavante Betriebsparameter sollen identifiziert werden und ihr Einfluss auf das verbrennungsinduzierte Wirbelaufplatzen soll untersucht werden. Ergebnis dieser Untersuchungen sind Stabilitätskarten die zeigen in welchem Parameterbereich ein stabiler Betrieb des Brenners gewährleistet werden kann.

Kapitel 2

Turbulente Flammen

Technisch genutzte Verbrennungsprozesse finden sich in einer Vielzahl von industriellen Anwendungen. Die dabei eingesetzten Flammen sind in der überwiegenden Zahl turbulent. Einige wenige wesentliche Phänomene, die zum Verständnis turbulenter Verbrennungsvorgänge hilfreich sind, sollen im folgenden Kapitel dargestellt und die Eigenschaften turbulenter Verbrennungsprozesse kurz charakterisiert werden. Die Wechselwirkung von grob- und feinskaliger turbulenter Strukturen führt zu Flammenfronten, die im Vergleich zu einer laminaren Flammefront stark gekrümmt oder gestreckt sein können. Gleichzeitig kommt es durch die grundsätzlich in allen turbulenten Strömungen vorhandenen stochatischen Schwankungen zu steilen Gradienten, die für eine der Verstärkung der Diffusion sorgen.

2.1 Phänomenologie turbulenter Strömungen

Viele in der Natur vorkommenden Strömungen und nahezu alle technische relevanten Strömungen sind turbulent. Man denke hier an die Umströmung eines Tragflügels, die Strömung in der Brennkammer einer Gasturbine oder die Strömung innerhalb des Zylinders eines Verbrennungsmotors um nur einige wenige zu nennen. Dem Verständnis und der Beschreibung turbulenter Strömungsvorgänge kommt somit in Wissenschaft und Technik eine wichtige Bedeutung zu (z.B. [42]). Charakterisiert sind turbulente Strömungen durch eine Reihe von Phänomenen:

- Turbulente Strömungen sind hoch instationär und dreidimensional. Eine graphische Darstellung der Geschwindigkeit (oder irgend einer anderen Größe) über der Zeit wirkt für einen Beobachter stochastisch. Die zeitgemittelte Geschwindigkeit kann eine Funktion von lediglich zwei Koordinaten sein, das momentane Feld ist jedoch tatsächlich zufällig.

- Sie beinhalten eine große Menge an Wirbelstärke. Die Streckung von Wirbeln ist ein wesentlicher Mechanismus durch den zusätzliche Turbulenz produziert wird.

- Turbulenz erhöht das Maß in dem passive oder reaktive Skalare miteinander vermischt werden. Dies geschieht dadurch, dass Fluidpakete mit unterschiedlicher Konzentration der Skalare miteinander in Kontakt gebracht werden. Die eigentliche Mischung geschied zwar durch Diffusion, nichts desto trotz wird diese Eigenschaft turbulenter Strömungen dennoch oftmals als „diffusiv" bezeichnet.

- Durch Erhöhung der Mischung bringt die Turbulenz Fluidpakete in Kontakt miteinander, die einen stark unterschiedlichen Impuls haben. Die dadurch bedingte Reduktion der durch die Viskosität des Fluids verursachten Geschwindigkeitsgradienten veringert die kinetische Energie der Strömung. Mit anderen Worten ausgedrückt ist die Strömung „dissipativ". Die kinetische Energie wird hierbei irreversibel in innere Energie des Fluids umgewandelt.

- Es konnte gezeigt werden, dass turbulente Strömung kohärente Strukturen beinhalten (z.B. [47]). Diese wiederholbaren und tatsächlich deterministischen Ereignisse verursachen einen großen Teil der Mischungsprozesse. Jedoch führt die zufällige Natur der Turbulenz dazu, daß diese einzelnen Ereignisse sich von einander in Größe, Stärke und zeitlichem Abstand des Auftretens unterscheiden. Die Untersuchung solcher Ereignisse gestaltet sich somit meist schwierig.

Alle diese Phänomene sind wichtig. Die durch Turbulenz verursachten Effekte können in einem bestimmten Anwendungsfall gewollt oder ungewollt sein. Eine intensive Mischung zweier Skalare kann gewünscht sein bei chemischen Reaktion oder in Strömungen bei welchen ein großer Wärmeübergang erzielt werden soll. Auf der anderen Seite führt eine verstärkte Mischung des Impulses zu zusätzlichen Reibungskräften und somit ist die Leistung, die zum Beispiel notwendig ist, um ein Fluid zu pumpen höher oder der Widerstand eines umströmten Körpers größer.

In einer turbulenten Strömung ist das Strömungsfeld durch starke räumliche und zeitliche Fluktuationen der hydrodynamischen Größen gekennzeichnet. Ob eine Strömung unter gegebenen Randbedingungen turbulent sein wird läßt sich anhand einer charakteristischen dimensionslosen Kennzahl, der Reynoldszahl abschätzen. Übersteigt sie einen gewissen Schwellenwert ist die Strömung turbulent. Die absolute Größe des Schwellenwerts hängt zusätzlich noch vom betrachteten Strömungsproblem (Grenzschichtströmung, Freistrahl, Innenströmung, etc.) ab [136]. Berechnet wird sie aus dem Verhältnis von Trägheits- und Reibungskräften. Die Reynoldszahl

$$\mathrm{Re} = \frac{U \cdot L}{\nu} \tag{2.1}$$

hängt von einer charakteristischen Geschwindigkeit U, einer für das betrachtete Strömungsproblem charakteristischen Länge L und der kinematischen Viskosität des Fluids ab. Als charakteristischen Länge dient zum Beispiel für eine Rohrströmung der Rohrdurchmessen und für einen Strömung über eine ebene Platte die Lauflänge der Grenzschicht [136]. Zum Umschlag von laminarer und turbulenter Strömung kommt es, wenn die Trägheitskräfte deutlich größer als die Reibungskräfte sind. Die viskosen Kräfte reichen dann nicht mehr dazu aus, die destabilisierenden Trägheitskräfte zu kommpensieren und es kommt zu einer ungeordneten, stochatisch schwankenden Strömung in welcher sich Wirbel bilden. Der ganze Prozess wird durch kleinste Störungen initiert, die in der Natur stets vorhanden sind. Die Wirbel bilden sich durch die senkrecht zur Hauptströmung entstehenden Geschwindigkeiten. Der Stofftransport und Impulstransport innerhalb des Fluids wird so intensiviert. Die dreidimensionalen Wirbel werden sowohl durch Scherung der Strömung als auch durch benachbarte Wirbel ähnlicher oder größerer Abmessungen verformt. Hierdurch verkleinern sich ihre charakteristischen Abmessungen und sie zerfallen letztendlich. Die Energie wird aufgrund der Drehimpulserhaltung von den gößeren auf die kleinern Wirbel weitergeben. Die Umdrehungsgeschwindigkeit der einzelnen Wirbel nimmt dabei immer mehr und mehr zu. Ab einen bestimmten Punkt wird der Einfluß der Viskosität bemerkbar. Die kleinsten Wirbel beginnen zu dissipieren und geben ihre Energie in Form von Wärme an das Fluid ab. Die turbulente kinetische Energie wird folglich auf den großen Längenskalen produziert und auf den kleinen Längenskalen dissipiert [12, 46].

Die Weitergabe der Turbulenzenergie von großen Wirbeln an immer kleiner werdende Wirbel veranschaulicht die in Abbildung 2.1 dargestellte Turbulenzkaskade. In diesem Diagramm ist das Energiespektrum $E(\kappa, \epsilon, \nu)$ über der Wellenzahl $\kappa = \frac{2\pi}{l}$ (Wirbel pro Längeneinheit) aufgetragen. Sie zeigt wie die turbulente kinetische Energie über Wirbel ver-

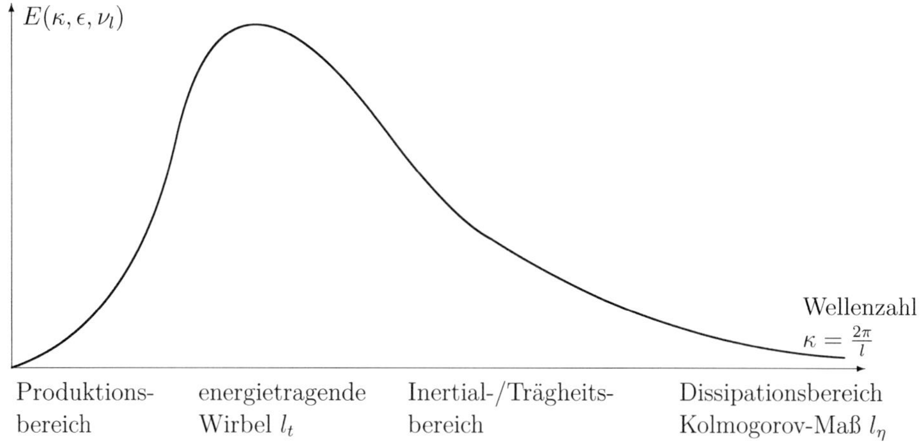

Abbildung 2.1: Normierte, spektrale Energieverteilung $E(\kappa, \epsilon, \nu_l)$ als Funktion der Wellenzahl κ (nach [75])

schiedener Größe aufgeteilt ist. Während der Produktion von Turbulenz steigt die Energie der Wirbel immer weiter an, da sich aus kleinern Wirbelstrukturen große Wirbel bilden. Diese energietragenden Wirbel geben über den Kaskadenprozess ihre Energie an immer kleinere Wirbel weiter. Innerhalb dieses Inertialbereichs findet ausschließlich Transfer von Turbulenzenergie von großen auf kleinere Strukturen statt. Bei sehr kleinen Wirbeln beginnt schließlich der Dissipationsbereich. Hier lösen sich die sehr kleinen Wirbel auf und geben ihre kinetische Energie in Form von Wärme an das Fluid ab dessen innere Energie dadurch zunimmt [78, 130, 150].

2.2 Charakterisierung turbulenter vorgemischter Flammen

Die Charakteristik einer turbulenten Vormischflamme ist durch eine Überlagerung von turbulenter Strömung und Flammenfortpflanzung bestimmt. Die lokale Struktur und das Aussehen der Flammenfront werden im wesentlichen durch den Turbulenzgrad und das Längenmaß der Turbulenz bestimmt. Verschiedene Ansätze zur Klassifizierung und Einordnung einer turbulenten Flamme in separate Verbrennungsregime existieren in der Literatur. Hier soll der meist gebräuchliche Ansatz von Borghi [16, 17] diskutiert werden. Dieser basiert auf der Einordnung einer Flamme aufgrund von markoskopischen Turbulenzgrößen und identifiziert im dargestellen Borghidiagramm (2.2) verschiedene Verbrennungsregime. Aufgetragen auf der y-Achse ist das Verhältnis der lokalen Schwankungsgeschwindigkeit u' und der laminaren Flammengeschwindigkeit u_L, auf der x-Achse das Verhältnis eines makro-

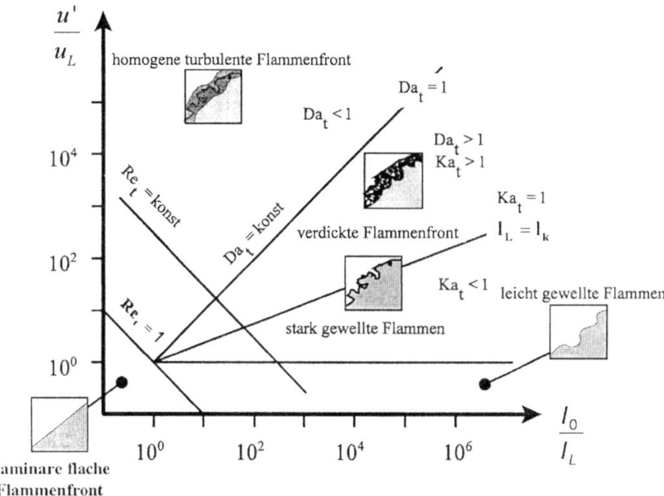

Abbildung 2.2: Regime einer turbulenten vorgemischten Verbrennung nach Borghi [16]

skopischen turbulenten Längenmaßes l_0 zur laminaren Flammendicke l_L. Zur Einordnung einer Flamme in das Borghidiagramm werden dimensionslose Kennzahlen verwendet. Die erste wichtige Kennzahl ist die turbulente Reynoldszahl Re_t. Sie bestimmt sich mit der kinematische Viskosität ν zu

$$\mathrm{Re}_t = \frac{u' l_0}{\nu} \qquad (2.2)$$

Im Bereich $\mathrm{Re}_t < 1$ liegt eine laminare Flamme vor. Liegt Re_t bei größer als 1 so ist die Flamme turbulent. Der turbulente Bereich ist im Borghidiagramm in vier weitere Teilbereiche unterteilt. Die Unterteilung erfolgt dort aufgrund der turbulenten Karlowitzzahl Ka_t und der turbulenten Damköhlerzahl Da_t. Die turbulente Damköhlerzahl ist dabei definiert als

$$\mathrm{Da}_t = \frac{\tau_t}{\tau_C} = \frac{\frac{l_0}{u'}}{\frac{l_L}{u_L}} \qquad (2.3)$$

und beschreibt das Verhältnis aus einem turbulenten Zeitmaß τ_t für die Strömung und einem charakteristischen Zeitmaß τ_C für die chemischen Reaktionen [159]. Die turbulente Karlowitzzahl Ka_t bestimmt sich aus dem Quotienten eines chemischen Zeitmaßes τ_C und dem Kolmogorovzeitmaß τ_η zu

$$\mathrm{Ka}_t = \frac{\tau_C}{\tau_\eta} \approx \frac{\tau_C}{\tau_t} \mathrm{Re}_t^{\frac{1}{2}} \qquad (2.4)$$

wobei das Kolmogorovzeitmaß mit der Umdrehungsdauer der kleinsten in der Strömung vorhandenen Wirbel korrespondiert.

Mit Hilfe dieser dimensionslosen Kennzahlen lassen sich beliebige Flammen in das Borghidiagramm einordnen. Die einzelnen Regime unterscheiden sich durch die Feinstruktur der Flammenfront. Die Zuordung der einzelnen Regime zu den jeweiligen Zahlenwerten von Da_t und Ka_t kann unmittelbar aus der Abbildung 2.2 entnommen werden. Die einzelnen Regime sind dabei durch die folgenden Phänomene gekennzeichnet.

- *Laminare, leicht gewellte Flammenfronten ($u' < u_L$)*
  Durch die gegenüber der Flammengeschwindigkeit kleinen Geschwindigkeitsfluktuationen und den im Vergleich zu der Flammenfrontdicke größeren Turbulenzelementen wird die Flammenfront nur wenig beeinflußt. Sie ist gewellt und wirkt im zeitlichen Mittel verdickt („corrugated flamelets").

- *Stark gewellte Flammen mit Inselbildung ($u' > u_L$ und $\mathrm{Ka}_t < 1$)*
  Verursacht durch die zunehmende Schwankungsgeschwindigkeit kommt es zu einer Auffaltung der Flammenfront. Die Flammenfront bleibt aber gegenüber den Wirbelabmessungen dünn. Durch die verstärkte Krümmung der Flammenfront kann es hier zu lokalem Verlöschen und Wiederzünden kommen. Wodurch sich Inseln von Frischgemisch und Rauchgas abschnüren können („wrinkled flamelets with pockets").

- *Verdickte/aufgerissene Flammenfront ($\mathrm{Da}_t > 1$ und $\mathrm{Ka}_t < 1$)*
  Die kleinsten Turbulenzelemente können aufgrund ihrer gegenüber der Flammenfront

kleinen Abmessung in diese eindringen und dort den diffusiven Austausch verstärken. Dies führt zu einer Verdickung der Flammenfront. Bis hin zu $Da_t \geq 1$ können immer größere Wirbel in die Flammenfront eindringen, wodurch es lokal zu Verlöschungen bis hin zum Zerreißen der Flammenfront kommen kann („distributed reaction zones").

- *Homogene turbuente Flammenfront (idealer Rührreaktor) ($Da_t < 1$)*
  Hier ist die Zeit für die chemischen Prozesse länger als die Zeit für die Mischungsprozesse, wodurch es zu sehr intensiven Wechselwirkungen zwischen den Wirbeln und der Flammenstruktur kommt. Eine eindeutige Flammenfront kann nicht mehr identifiziert werden („well stirred reactor").

Angemerkt sei, dass sich der Zustand in einer realen vorgemischten Flamme in der Regel nicht durch einen Punkt im Borghidiagramm beschreiben läßt, da die Längen- und Zeitskalen stark variieren können. Somit findet man in realen Flammen meist auch ein gewisses Spektrum an verschiedenen turbulenten Karlowitz- und Damköhlerzahlen vor. Der daraus im Borghidiagramm entstehende Bereich kann dabei durchaus auch verschiedene Regime beinhalten, wodurch es zu mehreren der oben erwähnten Effekte innerhalb derselben Flamme kommen kann.

2.3   Charakterisierung turbulenter nicht-vorgemischter Flammen

Wie bei vorgemischten Flammen wird auch bei nicht-vorgemischten Flammen die Flammenfront durch den Einfluss der Turbulenz stark gefaltet oder gesteckt was zu lokalen Löscheffekten führen kann. Analog zu der ursprünglich für vorgemischte Flammen entwickelten Klassifizierung verschiedener Flammenregime im Borghidiagramm (Abbildung 2.2) kann auch für nicht-vorgemischte Flammen eine Einordnung in verschiedene Regime in einem Borghidiagramm vorgenommen werden [17]. Hierfür ist lediglich die Kenntnis des Strömungszustands, des Diffusionskoeffizienten D und eines chemischen Zeitmaßes τ_C notwendig.

Das Borghidiagramm für nicht-vorgemischte Flammen indentifiziert vier verschiedene Verbrennungsregime: laminare Flamme, verbreiterte Flammenfront, gestörte Flammenfront und gewinkelte und gestreckte Flammenfront. Die Bezeichnung der Achsen ist in Abbildung 2.3 anders als im Borghidiagramm für vorgemischte Flammen, da dieses Diagramm aus der angegebenen Quelle [17] entnommen wurde. Die im Diagramm aufgetragenen Größen sind jedoch gleich. So gibt das Verhältnis $k^{\frac{1}{2}}/u_L$ auf der y-Achse das Verhältnis der turbulenten Schwankungsgröße zur laminaren Flammengeschwindigkeit an und der Term l_t/δ_L das Verhältnis eines turbulenten Längenmaßes zur laminaren Flammendicke an. Die laminare Flammendicke δ_l ist proportional zur Zeitskala der chemischen Reaktion τ_C und

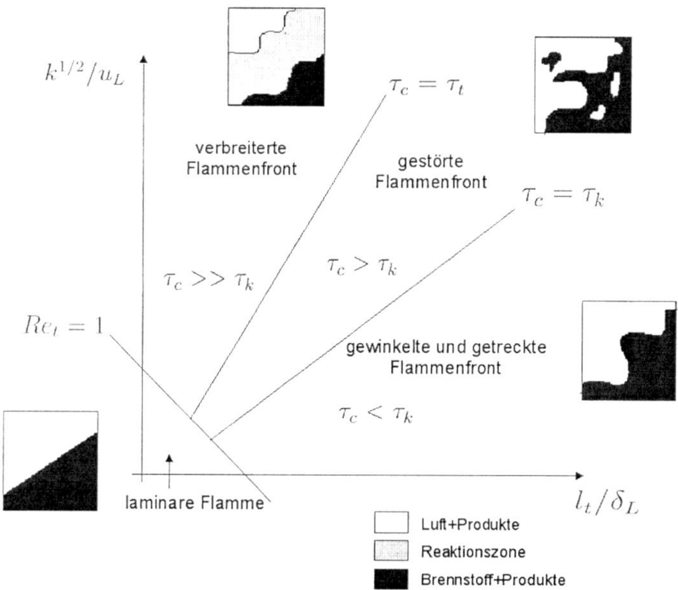

Abbildung 2.3: Regime einer turbulenten nicht-vorgemischten Verbrennung nach Borghi [17]

dem Diffusionskoeffizienten D. Unter der Annahme, dass nur eine chemische Zeitskala existiert und das Verhältnis der Temperaturleitfähigkeit a und des Diffusionskoeffizienten D gleich eins ist (Lewiszahl $Le = \frac{a}{D} = 1$), ergibt sich die laminare Flammendicke zu

$$\delta_L = \sqrt{D \cdot \tau_C} \tag{2.5}$$

Die laminare Flammengeschwindigkeit bestimmt mit welcher Geschwindigkeit sich eine ungestreckte Flammenfront durch ein vorgemischtes Brennstoff/Luft Gemisch bewegt. Auch sie ist proportional zu dem Diffusionskoeffizienten und der chemischen Zeitskala und ergibt sich mit der erwähnten Vereinfachungen zu

$$u_L = \sqrt{\frac{D}{\tau_C}} \tag{2.6}$$

Die turbulente Reynoldszahl wird analog zu Gleichung 2.2 berechnet. Laminare Flammen befinden sich im Diagramm 2.3 unterhalb der Linie $Re_t = 1$. Eine turbulente Flamme wird durch drei Zeitskalen in die verschiedenen Flammenregime eingeordnet. Im einzelnen sind dies: die Zeitskala chemischer Reaktion τ_C, die kolomogorovsche Zeitskala τ_K, durch die Umdrehungszeit der kleinsten Wirbel repräsentiert wird und die turbulenten Zeitskala τ_t, die die Umdrehungsdauer der größten Wirbel darstellt.

Die einzelnen Regime sind durch verschiedene charakteristische Phänomene gekennzeichnet, die im folgenden kurz dargestellt werden.

- *Gewinkelte und gestreckte Flammenfront* ($\tau_C < \tau_K$)

  In diesem Bereich ist die Zeitskala der chemischen Reaktion deutlich kleiner als die Kolomogrovzeitskala, so daß turbulente Wirbel mit der Flammenfront wechselwirken können und dort eine zusätzliche Flammenfrontoberfläche ausbilden. Die Flammenfront wird wegen der im Vergleich zu einer laminaren Flamme vergrößerten Flammenfrontoberfläche als gestreckt oder gewinkelt bezeichnet. Aufgrund der Steckung kann in einer turbulenten Flamme mehr Brennstoff pro Volumen umgesetzt werden.

- *Gestörte Flammenfront* ($\tau_C > \tau_K$)

  Durch die gesteigerte Turbulenz ist in diesem Bereich die chemische Zeitskala τ_C größer als die Existenzzeit der kleinsten Wirbel τ_K. Hierdurch kann es zu lokalem Verlöschen der Flamme kommen. Die gesamte Flammenfrontoberfläche kann nicht mehr vollständig reagieren wodurch sich Inseln aus unverbranntem Gemisch bilden. Durch molekulare Mischungsvorgänge mit heißem Abgase kann es zu einem Wiederzünden der Inseln unverbranntem Gemischs kommen.

- *Verbeiterte Flammenfront* ($\tau_C \gg \tau_K$)

  Nimmt die Turbulenzintensität noch weiter zu, so wird die Existenzzeit der kleinsten Wirbel τ_K nocheinmal kleiner im Vergleich zur chemischen Zeitskala. Durch die hohe Turbulenzintensität kommt es zu einer weiter intensivierten Mischung, die ein Wiederzünden des schon erloschenen Gemisches unterbindet, aber auf der anderen Seite dazu führt, dass Brennstoff, Luft und Reaktionspordukte bereits vor dem Einsetzen der chemischen Reaktion perfekt gemischt sind. Das Flammenregime ähnelt hier einer perfekt vorgemischten Flamme.

Abschließend bleibt wie bei den Ausführungen zu turbulenten vorgemischten Flammen festzuhalten, dass eine reale Flamme in der Regel nicht durch einen Punkt sondern durch einen gewissen Bereich des Borghidiagramms repräsentiert wird. Dementsprechend gibt es oftmals eine Überlagerung der oben dargestellten Effekte in ein und der selben turbulenten Flamme.

Kapitel 3

Numerische Simulation reaktiver Strömungen

Die chemischen, physikalischen und mathematischen Grundlagen zur numerischen Simulation turbulenter Verbrennungsprozesse werden im folgenden Abschnitt dargestellt. Eingegangen wird dabei auf die kontinuumsmechanischen Erhaltungsgleichungen, numerische Lösungsansätze für Systeme von partiellen Differentialgleichungen, Grundlagen und Modellierungsansätze für chemische Reaktionen und auf die Beschreibung turbulenter reaktiver Strömungen mit Wahrscheinlichkeitsdichtefunktionen.

3.1 Navier-Stokes Gleichungen

Die Dynamik einer turbulenten chemisch reagierenden Strömung wird durch die ihr zugrunde liegenden Erhaltungsgleichungen bestimmt, die sich aus der Kontinuumsmechanik und der Thermodynamik ableiten lassen [86]. Die Erhaltungsgleichungen beschreiben die zeitliche Änderung einer extensiven phsikalischen Größe $G(\vec{x}, t)$ in einem Volumenelement. Sie bilden ein System von partiellen Differentialgleichungen, für welche zur numerischen Lösung noch Anfangs- und Randbedingungen spezifiziert werden müssen. Häufig werden diese Gleichungen in der Literatur als Navier-Stokes Gleichungen bezeichnet. In ihrer allgemeinen Formulierung beschreiben die Erhaltungsgleichungen die komplexen Wechselwirkungen verschiedener Prozesse. Im Einzelnen sind dies der molekulare und konvektive Transport von Masse, Impuls und Energie, chemische Reaktion und der Einfluss von Fernwirkungen wie Gravitation und Strahlung.

Zur allgemeinen Herleitung der Erhaltungsgleichungen sei ein beliebiges Volumenelement Ω aus einer reaktiven Strömung betrachtet (Abb. 3.1). Das Volumenelement ist durch den

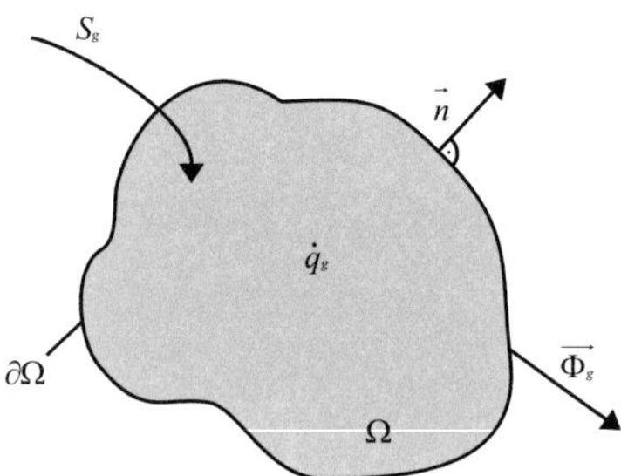

Abbildung 3.1: Bilanz an einem beliebigen Kontrollvolumen

Rand $\partial\Omega$ begrenzt. Eine beliebige Zustandgröße läßt sich zum Zeitpunkt t als das Volumenintegral

$$G\left(t\right) = \int_{\Omega} g\left(\vec{x}, t\right) \tag{3.1}$$

über die zugehörige Dichteverteilung $g(\vec{x}, t)$ mit $\vec{x}$ als Ortsvektor beschreiben. Eine Änderung der extensiven Größe $G(\vec{x}, t)$ kann in einer reaktiven Strömung durch drei Prozesse erfolgen ($\vec{n}$ bezeichnet den Normalenvektor des Randes $\partial\Omega$ des Volumenelementes Ω; dV und dS jeweils ein Volumen- bzw. ein Flächenelement):

- durch einen Fluß $\vec{\phi}_g \cdot \vec{n} \cdot \mathrm{d}S$ durch die Oberfläche (z.B. durch Diffusion, Wärmeleitung oder Reibung),

- durch Produktion $\dot{q}_g$ im Inneren des Volumenelementes (z.B. durch chemische Reaktion),

- durch Fernwirkung s_g (z.B. durch Wärmestrahlung oder Gravitation).

Die Berücksichtigung all dieser Prozesse führt für die zeitliche Änderung der Größe G zu folgendem integralen Ausdruck

$$\int_{\Omega} \frac{\partial g}{\partial t} \cdot \mathrm{d}V \;+\; \int_{\partial\Omega} \vec{\phi}_g \cdot \vec{n} \cdot \mathrm{d}S \;=\; \int_{\Omega} \dot{q}_g \cdot \mathrm{d}V \;+\; \int_{\Omega} s_g \cdot \mathrm{d}V \tag{3.2}$$

der mit Hilfe des Gauss'schen Integralsatzes [20] in differentieller Form dargestellt werden kann.

$$\frac{\partial g}{\partial t} \;+\; \mathrm{div}\,\vec{\phi}_g \;=\; \dot{q}_g \;+\; s_g \tag{3.3}$$

Mit dieser allgemeinen Formulierung lassen sich die speziellen Erhaltungsgleichungen für Masse, Impuls, Energie und Spezieserhaltung mathematisch ableiten. Auf eine detaillierte Herleitung soll an dieser Stelle verzichtet werden. Sie findet sich an verschiedenen Stellen in der Literatur. Genannt seien hier [11, 86, 109].

Massenerhaltung

Die Massenerhaltungsgleichung oder Kontiuitätsgleichung folgt damit zu

$$\frac{\partial \rho}{\partial t} + \operatorname{div}(\rho \cdot \vec{v}) = 0 \tag{3.4}$$

wobei $\frac{\partial \rho}{\partial t}$ die zeitliche Änderung der Dichte und $\vec{v}$ den Geschwindigkeitsvektor darstellen. Der Term $\operatorname{div}(\rho \cdot \vec{v})$ beschreibt die Massenstromdichte.

Speziesmassenerhaltung

Die Erhaltungsgleichung für die Speziesmassen

$$\frac{\partial \rho_i}{\partial t} + \operatorname{div}(\rho_i \cdot \vec{v}) + \operatorname{div}\vec{j}_i = M_i\dot{\omega}_i \tag{3.5}$$

beinhaltet wieder die zeitliche Änderung der Speziesdichte ρ_i und den konvektiven Transport $\operatorname{div}(\rho_i \cdot \vec{v})$ einer Spezies. Zusätzlich beschreibt der Term $\operatorname{div}\vec{j}_i$ den Transport durch Diffusion und der Term $M_i\dot{\omega}$ den Quellterm in Folge chemischer Reaktion. Er hängt ab von der Bildungsgeschwindigkeit $\dot{\omega}_i$ der Spezies i und ihrer molaren Masse M_i. Mit $\vec{j}_i$ wird die Diffusionstromdichte der Spezies i bezeichnet.

Impulserhaltungsgleichung

In der Impulserhaltungsgleichung

$$\frac{\partial(\rho \cdot \vec{v})}{\partial t} + \operatorname{div}(\rho \cdot \vec{v} \otimes \vec{v}) + \operatorname{div}\bar{\bar{p}} = \rho\vec{g} \tag{3.6}$$

gibt es ebenfalls einen konvektiven Term $\operatorname{div}(\rho \cdot \vec{v} \otimes \vec{v})$. Mit $\otimes$ wird das dyadische Produkt zweier Vektoren bezeichnet [20]. Hinzu kommt der durch Druck- und Reibungskräfte verursachte Anteil $\operatorname{div}\bar{\bar{p}}$, wobei $\bar{\bar{p}}$ den Drucktensor bezeichnet. Im Unterschied zu den bisher betrachteten Erhaltungsgleichungen tritt in der Impulserhaltungsgleichung die Fernwirkung $\rho\vec{g}$ auf, welche den Einfluß von Gravitation oder einer anderen äußeren Beschleunigung beschreibt.

Energieerhaltungsgleichung

Nach der Erhaltungsgleichung der Gesamtenergie

$$\frac{\partial(\rho e)}{\partial t} + \operatorname{div}\left(\rho e\vec{v} + \vec{j}_q + \bar{\bar{p}}\vec{v}\right) = 0 \tag{3.7}$$

wird die zeitliche Änderung der Gesamtenergie verursacht durch den konvektiven Transport $\operatorname{div}(\rho e\vec{v})$, durch die Wärmeleitung $\operatorname{div}\vec{j}_q$ und die Arbeit durch Druckkräfte $\operatorname{div}\left(\bar{\bar{p}}\vec{v}\right)$. Der

Einfluß von Fernwirkungen wie zum Beispiel Strahlung wurde in obiger Gleichung bereits vernachlässigt. Strahlungseffekte spielen bei den in dieser Arbeit untersuchten Flammen nur eine untergeordnete Rolle. Dies liegt an der sehr geringen Rußbildung, den moderaten Temperaturen magerer Flammen und dem Mangel äußerer Strahlungsquellen oder starkt Strahlung absorbierender Flächen. Die Energieerhaltungsgleichung kann somit quellterm-frei formuliert werden. Die Gesamtenergie setzt sich aus der inneren Energie, der kinetischen Energie und der potentiellen Energie zusammen. Der Beitrag der potentiellen Energie zur Gesamtenergie ist für die untersuchten Fälle sehr gering und kann deshalb in guter Näherung vernachlässigt werden. Die als Gesamtenergie verwendetet Größe ist also nur noch die Summe aus innerer und kinetischer Energie des Fluids.

$$\rho e \;=\; \rho u + \frac{1}{2}\rho\,|\vec{v}|^2 + \underbrace{\rho g}_{=0} \;=\; \rho u + \frac{1}{2}\rho\,|\vec{v}|^2 \tag{3.8}$$

Zustandsgleichung

Um das Gleichungssystem schließen zu können wird noch eine thermische Zustandsgleichung benötigt. Hier kommt die thermische Zustandsgleichung für ideale Gase (ideale Gasglei-chung) in der Form

$$p \;=\; \rho\,\frac{R}{M}\,T \tag{3.9}$$

zum Einsatz. Hierin bezeichnet R die universelle Gaskonstante, M die molare Masse des Fluids und T die Temperatur.

3.2 Gemittelte Erhaltungsgleichungen

Die Strömungsvorgänge in nahezu allen technischen Verbrennungssystemen (Gasturbinen, großtechnischen Feuerungsanlagen oder Motoren) sind turbulent. Turbulente Strömungen sind charakterisiert durch starke räumliche und zeitliche Fluktuationen der hydrodynami-schen Größen, die ihrerseits zu Fluktuationen der skalaren Größen wie Dichte, Tempera-tur und Zusammensetzung führen können. Zur Direkten Numerischen Simualtion (DNS, [66, 113, 138]) dieser Strömungen wäre es notwendig die kleinsten für die Strömung relevan-ten Längen- und Zeitskalen aufzulösen. Dies ist aus Rechenzeit und Speicherplatzgründen auch mit heutigen Supercomputern für technisch relevante Verbrennungssysteme nicht mög-lich [159]. Häufig liegt das Interesse jedoch nicht auf den lokalen Strukturen sonderen auf globalen Ereignissen, wie zum Beispiel der zeitlich gemittelten Temperatur oder der zeitlich gemittelten Geschwindigkeit. Deshalb bietet es sich an eine beliebige Strömungsgröße g in ihren Mittelwert $\bar{g}$ und eine Schwankung g' gegenüber diesem Mittelwert aufzuteilen. Dieses Mittelungsverfahren wird Reynoldsmittelung genannt.

$$g\left(\vec{x}, t\right) \;=\; \bar{g}\left(\vec{x}, t\right) \;+\; g'\left(\vec{x}, t\right) \tag{3.10}$$

Häufig wird als Mittelwert ein zeitlicher Mittelwert benutzt. Dies ist aber nicht zwingend notwendig. Völlig analog könnte auch ein Ensemblemittelwert verwendet werden. Hier soll nur die Verwendung eines zeitlichen Mittelwerts näher beschrieben werden. Der zeitliche Mittelwert ist als

$$\bar{g}\left(\vec{x}, t\right) \;=\; \lim_{\Delta t \to \infty} \frac{1}{\Delta t} \int_{0}^{\Delta t} g\left(\vec{x}, t\right) \mathrm{d}t \tag{3.11}$$

definiert. Das Mittelungsinterval Δt muss so groß gewählt werden, dass der Mittelwert zeitunabhängig wird. Der zeitliche Mittelwert einer Schwankungsgröße wird dann zu Null.

$$\overline{g'} \;=\; 0 \tag{3.12}$$

Die Anwendung dieses Mittelungsverfahrens auf die abhängigen Variablen der Navier-Stokes Gleichungen führt zu den sogenannten Reynoldsgleichungen. Dabei entstehen neben den Mittelwerten der abhänigen Variablen neue ungeschlossene Kreuzkorrelationsterme sowohl in der Impulserhaltungsgleichung als auch in der Energieerhaltungsgleichung. Diese Terme (in der Impulserhaltungsgleichung in der Form $\overline{u_i' u_j'}$) beinhalten den Einfluss der Turbulenz auf die mittleren Größen des Strömungsfeldes und müssen modelliert werden. Details hierzu finden sich in Kapitel 3.3.

Eine für Verbrennungsprozesse typische Eigenschaft ist das Auftreten großer Dichteschwankungen. Dementsprechend müßte die Dichte ebenfalls in einen Mittelwert $\bar{\rho}$ und eine Schwankungsgröße ρ' zerlegt werden. Er erweist sich als zweckmäßig (siehe unten) einen weiteren Mittelwert einzuführen, die Favre-Mittelung (dichtegewichteter Mittelwert, [41]). Dieser ist für eine beliebige Strömungsgröße gegeben als

$$\tilde{g} \;=\; \frac{\overline{\rho\,g}}{\bar{\rho}} \qquad \text{bzw.} \qquad \bar{\rho}\,\tilde{g} \;=\; \overline{\rho\,g} \tag{3.13}$$

Analog zu 3.10 läßt sich eine Größe wieder in Mittelwert und Schwankungsgröße bezüglich des Favremittels aufspalten

$$g\left(\vec{x}, t\right) \;=\; \tilde{g}\left(\vec{x}, t\right) \;+\; g''\left(\vec{x}, t\right) \tag{3.14}$$

wobei für den durch zwei hochgestellte Striche gekennzeichneten Favre-Schwankungswert ebenfalls gilt

$$\overline{\rho\,g''} \;=\; 0 \qquad . \tag{3.15}$$

Wichtig festzuhalten bleibt noch, dass der zeitliche Mittelwert der Schwankung bei der Favre-Mittelung im Allgemeinen ungleich Null ist ($\overline{g''} \neq 0$), wohingegen für den zeitlichen

Mittelwert der Schwankung bei Reynolds-Mittelung gilt $\overline{g'} = 0$. Eine Gleichung für die Umrechung des Reynolds-Mittelwertes einer Variablen in ihren Favre-Mittelwert abzuleiten, ist durch einsetzen von Gleichung 3.13 in Gleichung 3.10 einfach möglich. Es folgt

$$\tilde{g} = \frac{\overline{\rho g}}{\overline{\rho}} = \frac{\overline{(\overline{\rho} + \rho')(\overline{g} + g')}}{\overline{\rho}} = \frac{\overline{\overline{\rho}\,\overline{g}} + \overline{\overline{\rho}\,g'} + \overline{\rho'\overline{g}} + \overline{\rho'g'}}{\overline{\rho}}$$

und daraus

$$\tilde{g} = \overline{g} + \frac{\overline{\rho'g'}}{\overline{g}} \qquad . \tag{3.16}$$

Hierzu muss jedoch die Korrelation der Schwankungen der Größe g und der Dichte bekannt sein. Wesentlicher Vorteil der Verwendung der Favare-Mittelung ist, dass sie häufig eine kompaktere Schreibweise gestattet. Dies sei am folgenden Beispiel des dichtegewichteten Mittelwerts zweier Größen u und v veranschaulicht.

Während die Reynoldsmittelung für den Ausdruck $\overline{\rho\,u\,v}$ liefert

$$\begin{aligned}
\overline{\rho\,u\,v} &= \overline{(\overline{\rho} + \rho') + (\overline{u} + u') + (\overline{v} + v')} \\
&= \overline{\overline{\rho}\,\overline{u}\,\overline{v} + \overline{\rho}\,\overline{u}\,v' + \overline{\rho}\,u'\,\overline{v} + \overline{\rho}\,u'\,v' + \rho'\,\overline{u}\,\overline{v} + \rho'\,\overline{u}\,v' + \rho'\,u'\,\overline{v} + \rho'\,u'\,v'} \\
&= \overline{\rho}\,\overline{u}\,\overline{v} + \overline{\rho}\,\overline{u'\,v'} + \overline{u}\,\overline{\rho'\,v'} + \overline{v}\,\overline{\rho'\,u'} + \overline{\rho'\,u'\,v'}
\end{aligned} \tag{3.17}$$

ergibt die Favre-Mittelung ein deutlich kompakteres Ergebnis

$$\begin{aligned}
\overline{\rho\,u\,v} &= \overline{\rho\,(\tilde{u} + u'')(\tilde{v} + v'')} \\
&= \overline{\rho\,\tilde{u}\,\tilde{v} + \rho\,\tilde{u}\,v'' + \rho\,u''\,\tilde{v} + \rho\,u''\,v''} \\
&= \overline{\rho}\,\tilde{u}\,\tilde{v} + \overline{\rho\,u''\,v''} \qquad .
\end{aligned} \tag{3.18}$$

Einsetzen der Mittelungsvorschriften 3.10 oder 3.14 in die Erhaltungsgleichungen führt zu den reynoldsgemittelten Navier-Stokes Gleichungen (RANS) oder den favregemittelten Navier-Stokes Gleichungen. Auf eine detaillierte Herleitung wird an dieser Stelle verzichtet, sie findet sich unter anderem in [77,129]. Dargestellt sind im folgenden die favregemittelten Gleichungen, da sie wie oben dargestellt eine kompaktere Schreibweise bei Strömungen mit variabler Dichte, wie zum Beispiel turbulenten Verbrennungsprozessen, gestatten.

Im Einzelnen ergeben sich die gemittelten Erhaltungsgleichungen unter Verwendung der Einsteinschen Summennotation [20] zu

$$\frac{\partial \overline{\rho}}{\partial t} + \frac{\partial (\overline{\rho}\tilde{u}_i)}{\partial x_i} = 0 \tag{3.19}$$

$$\frac{\partial (\overline{\rho}\tilde{w}_\alpha)}{\partial t} + \frac{\partial (\overline{\rho}\tilde{w}_\alpha\tilde{u}_i)}{\partial x_i} + \frac{\partial}{\partial x_i}\left(\overline{\rho\,u_i''\,w_\alpha''}\right) - \frac{\partial}{\partial x_i}\left(\overline{\rho\,D_\alpha\frac{\partial w_\alpha}{\partial x_i}}\right) = \overline{M_\alpha\dot{\omega}_\alpha} \tag{3.20}$$

$$\frac{\partial (\overline{\rho}\tilde{u}_i)}{\partial t} + \frac{\partial}{\partial x_j}\left(\overline{\rho}\tilde{u}_i\tilde{u}_j + \overline{\rho\,u_i''\,u_j''} + \overline{p}\delta_{ij} - \overline{\tau}_{ij}\right) = \overline{\rho}\,\tilde{g}_i \tag{3.21}$$

$$\frac{(\partial\overline{\rho}\tilde{e})}{\partial t} + \frac{\partial}{\partial x_j}\left(\overline{\rho}\tilde{u}_j\tilde{e} + \tilde{u}_j\overline{p} + \overline{u_j''p} + \overline{\rho\,u_j''\,e''} + \overline{q}_j - \overline{u_i\tau_{ij}}\right) = 0 \tag{3.22}$$

jeweils für die Masse, die Speziesmasse[1], den Impuls und die Gesamtenergie des Systems. Zum Schließen des Gleichungssystems wird noch eine thermische Zustandsgleichung benötigt. Hierzu wird die gemittelte Zustandsgleichung eines idealen Gases in der Form

$$\overline{p} = \overline{\rho} \cdot R \cdot \left(\widetilde{\frac{T}{M}} \right) \tag{3.23}$$

verwendet.

In den Erhaltungsgleichungen treten verschiedene ungeschlossene Terme auf. In der Energieerhaltungsgleichung ist dies der Term $\overline{\rho u_j'' e''}$ und der Term $\overline{u_j'' p}$. Auf die Darstellung möglicher Modellierungsansätze für diese Terme wird hier verzichtet, da bei dem in dieser Arbeit verwendeten Gesamtmodell auf eine Lösung der Energiegleichung verzichtet werden kann. Die Temperatur des Fluids wird direkt aus der Lösung der PDF Transportgleichung ermittelt (näheres hierzu in Abschnitt 3.6.3 und Abschnitt 4).

In der Impulserhaltungsgleichung ist die Kreuzkorrelation $\overline{\rho u_i'' u_j''}$ ungeschlossen. Sie stellt, wie bereits oben erwähnt, den Einfluss der turbulenten Fluktuationen auf den mittleren Geschwindigkeitsvektor dar. Dieser Term wird auch als turbulenter Scheinschubspannungstensor bezeichnet. Zur Lösung des Gleichungssystems muß er modelliert werden. Hierzu finden sich vielfältige Ansätze in der Literatur. Einige wenige werden in Abschnitt 3.3 näher erläutert.

Die Spezieserhaltungsgleichung beinhaltet drei ungeschlossene Terme

- den mittleren chemischen Quellterm $\overline{M_\alpha \dot{\omega}_\alpha}$

- die Kreuzkorrelation aus Geschwindigkeits- und Zusammensetzungsfluktuation $\overline{\rho\, u_i''\, w_\alpha''}$

- sowie den Diffusionsterm $\overline{\rho\, D_\alpha \frac{\partial w_\alpha}{\partial x_i}}$

Das wesentliche Problem bei der Mittelung des chemischen Quellterms ist, dass dieser stark nichtlinear von der Temperatur und der Zusammensetzung abhängt. Mathematisch ausgedrückt heißt das:

$$\overline{M_\alpha \dot{\omega}_\alpha} \;=\; \widetilde{S_\alpha(T, \vec{\phi})} \;\neq\; S_\alpha(\tilde{T}, \tilde{\vec{\phi}}) \qquad . \tag{3.24}$$

Übervereinfachende Modellierungsansätze, die versuchen den gemittelten chemischen Quellterm allein aus den Mittelwerten der Zusammensetzung und der Temperatur zu berechnen führen aus diesem Grund meist zu sehr schlechten Ergebnissen. Darum werden in dieser Arbeit Wahrscheinlichkeitsdichtefunktionen eingesetzt. Damit kann der Einfluss chemischer Reaktionen exakt behandelt werden und bedarf keiner weiteren Modellierung. Details hierzu finden sich in Abschnitt 3.4 und 3.6. Der Kreuzkorrelationsterm aus Geschwindigkeits- und Zusammensetzungsfluktuation tritt bei der in dieser Arbeit verwendeten Verbundwahrscheinlichkeitsdichtefunktion von Geschwindigkeit und Zusammensetzung ebenfalls in

---

[1]Hier formuliert für den Massenbruch w_α einer beliebigen Spezies α für den gilt: $\rho_\alpha = \rho \cdot w_\alpha$

geschlossener Form auf. Mögliche Modellierungsansätze werden deshalb nicht dargestellt. Der ungeschlossene Diffusionsterm $\overline{\rho\, D_\alpha \frac{\partial w_\alpha}{\partial x_i}}$ der den Einfluss des molekularen Transports innerhalb des Fluids auf die Zusammensetzung beschreibt, bleibt auch bei der Anwendung von Wahrscheinlichkeitsdichtefunktionen ungeschlossen. In der Literatur finden sich verschiedene Modellierungsansätze hierfür. Das in dieser Arbeit verwendete Modell wird in Abschnitt 3.6.5 dargestellt.

3.3   Statistische Modellierung der Turbulenz

Ziel der statistischen Turbulenzmodellierung ist es ein Modell zur Beschreibung des ungeschlossenen Terms $\overline{\rho u_i'' u_j''}$ aufzustellen. Dieser Tensor beschreibt den Einfluss der Kreuzkorrelation der Geschwindigkeitsfluktuationen auf die Mittelwerte der Geschwindigkeiten. Die Dimension des Terms entspricht einer Spannung. Sie bewirken einen zusätzlichen Implustransport quer zur Hauptströmungsrichtung und werden als Reynoldsspannungen oder Scheinspannungen bezeichnet. Um die Reynoldsspannungen bestimmen zu können sind Modellannahmen nötig. Ein weit verbreiteter Ansatz hierzu ist das Wirbelviskositätsprinzip nach Bousinesq [18]. Dabei wirden analog zu den wirklichen Schubspannungen die Reynoldsspannungen aus dem Gradient der mittleren Geschwindigkeiten berechnet.

$$\overline{\rho u_i'' u_j''} \;=\; -\mu_t \left(\frac{\partial \tilde{u}_i}{\partial x_j} + \frac{\partial \tilde{u}_j}{\partial x_i} \right) + \frac{2}{3}\,\overline{\rho}\, k\, \delta_{ij} \tag{3.25}$$

Darin ist μ_t die turbulente Zähigkeit oder Wirbelviskosität. Die Wirbelviskosität ist keine Stoffkonstante sondern hängt vom lokalen Turbulenzzustand ab und kann räumlich und zeitlich innerhalb einer beliebigen Strömung starke Gradienten haben. Der zweite Summand auf der rechten Seite von Gleichung 3.25 beschreibt den Einfluss von Normalspannungen und enthält als Faktor das Kronecker Symbol[2] δ_{ij}.

Die Modellierung der Reynoldsspannungen wird auf diese Weise überführt in die nun nur noch notwendige Modellierung der Wirbelviskosität, die als ein Produkt einer Geschwindigkeit $u^*(\vec{x}, t)$ und eines Längenmaßes $l^*(\vec{x}, t)$ geschrieben werden kann.

$$\mu_t = \overline{\rho} \cdot u^* \cdot l^* \tag{3.26}$$

Somit muss ein Modell gefunden werden, welches eine Bestimmung von u^* und l^* für die lokalen Bedingungen in einer Strömung ermöglicht. Hierfür existieren in der Literatur verschiedenste Modellierungsansätze, die sich nach der Zahl der zusätzlich zu lösenden Differentialgleichungen in

- Nullgleichungsmodelle oder algebraische Modelle,

- Eingleichungsmodelle und

---

[2] $\delta_{ij} = 1$ für $i = j$ und $\delta_{ij} = 0$ für $i \neq j$

- Zweigleichungsmodelle

gruppieren lassen. So wird bei algebraischen Modellen (als typischer Vertreter wird das Mischungswegmodell vorgestellt) l^* auf Basis der Geometrie der Strömung spezifiziert. Bei Ein- und Zweigleichungsmodellen werden zusätzliche Transportgleichungen für bestimmte Turbulenzgrößen gelöst, aus denen sich das Produkt von u^* und l^* berechnen lässt. Ein in der Literatur oft verwendeter Vertreter dieser Modellgruppen ist das $k-\epsilon$ Modell [64,65] bei ihm werden u^* und l^* durch Lösung zweier zusätzlicher Transportgleichungen für die turbulente kinetische Energie k und ihre Dissipationsrate ϵ bestimmt. Für alle drei oben genannten Modellgruppen soll im folgenden ein typischer Vertreter näher beschrieben werden.

Zusätzlich existieren höherwertige Turbulenzmodelle, welche nicht auf der Bousinesq-Annahme beruhen. Beispiele sind Reynoldsspannungsmodelle [72] und Large-Eddy Simulationen [46]. Auch hierzu finden sich im folgenden einige kurze grundlegende Bemerkungen (siehe Abschnitt 3.3.4).

3.3.1 Nullgleichungsmodelle

Nullgleichungsturbulenzmodelle (oder algebraische Turbulenzmodelle) haben den wesentlichen Vorteil einfach in bestehende numerische Verfahren integrierbar zu sein und wenig rechenaufwand zu verursachen, da nur einfache algebraische Gleichungen und keine gewöhnlichen oder partiellen Differentialgleichungen gelöst werden müssen. Andererseits hängt die turbulente Viskosität nur von lokalen (mittleren) Geschwindigkeitsprofilen ab. Ein Einfluss des Zustands stromauf oder stromab der betrachteten Stelle wird nicht berücksichtigt, was die Anwendbarkeit solcher Modelle stark einschränkt.

Ein bekannter Vertreter dieser Gruppe von Turbulenzmodellen ist das auf dem Prandlschen Mischungswegansatz [130] beruhende Modell von Baldwin und Lomax [6]. Es wurde sehr erfolgreich zur Simulation von Tragflügelumströmungen eingesetzt und soll grob beschrieben werden. Für weitere Details sei auf die angegebene Literatur verwiesen.

Der Mischungswegansatz nach Prandtl bestimmt die turbulente Viskosität aus dem Geschwindikeitsgradienten und einer noch zu bestimmenden Mischungslänge $l_m(\vec{x})$, die eine Funktion des Ortes ist.

$$\mu_t = \overline{\rho} \cdot l_m^2 \cdot \left| \frac{\mathrm{d}\tilde{u}}{\mathrm{d}y} \right| \tag{3.27}$$

Die Mischungsweglänge ist dabei definiert als diejenige Weglänge, die ein Fluidelement zurücklegen kann bis es sich mit seiner Umgebung vollständig vermischt hat und somit gleichsam seine Identität verloren geht [130]. Im Baldwin-Lomax Modell wird die Mischungsweglänge mit der Gleichung

$$l_m = \kappa \cdot y \cdot \left[1 - \exp\left(-\frac{y^+}{A^+} \right) \right] \tag{3.28}$$

bestimmt. Darin sind κ eine Konstante mit dem Wert $0,4$, y der Wandabstand, y^+ ein dimensionsloser Wandabstand und A^+ eine Konstante mit dem Wert 26. Details zur Herleitung und physikalischen Begründung dieser Gleichung finden sich in [6].

In der allgemeinen Form ist das Mischungswegmodell auf alle Arten turbulenter Strömungen anwendbar. Der größte Nachteil ist aber die Unvollständigkeit des Modells. Die Mischungswegslänge l_m muss bekannt sein und hängt wesentlich von der Geometrie der betrachteten Strömung ab. Eine Abschätzung der Mischungsweglänge in einer komplexen Strömung ist meist sehr schwierig und mit großen Fehleren behaftet wodurch die Qualität der Ergebnisse meist sehr schecht sein wird. Anders sieht es aus bei technisch relevanten Strömungen, die messtechnisch gut untersucht sind, so dass angepasste Korrelation für die Mischungsweglänge existieren. Als Beispiel sei hier nochmals die turbulente Umströmung eines Tragflügels oder andere Arten von klassischen Grenzschichtströmung genannt, bei welchen das Modell sehr gute Resultate liefert.

3.3.2 Eingleichungsmodelle

Bei Eingleichungsmodellen wird die turbulente Viskosität durch Lösen einer zusätzlichen Transportgleichung bestimmt. Ein sehr verbreitetes Modell stammt von Spalart und Allmaras [139], das eine zusätzliche Transportgleichung für die an die turbulente Viskosität angelehnte Hilfsgröße $\tilde{\nu}$ einführt. Außer in Wandnähe stimmt $\tilde{\nu}$ mit der turbulenten Viskosität ν_t überein.

$$
\frac{\partial \left(\overline{\rho}\tilde{\nu}\right)}{\partial t} + \frac{\partial \left(\overline{\rho}\tilde{\nu}u_i\right)}{\partial x_i} = \frac{1}{\sigma_{\tilde{\nu}}} \left[\frac{\partial}{\partial x_j} \left\{ \left(\mu + \overline{\rho}\tilde{\nu}\right) \frac{\partial \tilde{\nu}}{\partial x_j} \right\} + C_{b2}\overline{\rho} \left(\frac{\partial \tilde{\nu}}{\partial x_j} \right)^2 \right]
$$

$$
- C_{\omega 1}\overline{\rho}f_\omega \left(\frac{\tilde{\nu}}{d} \right)^2 + C_{b1}\overline{\rho}\tilde{S}\tilde{\nu} \tag{3.29}
$$

Aus dieser Gleichung kann dann die turbulente Viskosität nach

$$
\mu_t = \overline{\rho} \cdot \tilde{\nu} \cdot f_{\nu 1} \tag{3.30}
$$

berechnet werden. Darin beschreibt $f_{\nu 1}$ eine viskose Dämpfung in der Nähe einer Wand und kann durch Einführen eines dimensionslosen Parameters $\chi = \frac{\tilde{\nu}}{\nu}$ bestimmt werden.

$$
f_{\nu 1} = \frac{\chi^3}{\chi^3 + C_{\nu 1}^3} \tag{3.31}
$$

Die Modellkonstante $C_{\nu 1}$ hat dabei den Wert $7,1$. Auf eine weitere Darstellung des Modells und der zum Lösen der Gleichung 3.29 außdem notwendigen Konstanten und Modellparameter wird hier verzichtet. Sie findet sich in [139].

3.3.3 Zweigleichungsmodelle

Das meist verbreitete und eingesetzte Zweigleichungsmodell ist das Standard $k - \epsilon$ Modell [64,65]. Es löst eine Transportgleichung für die mittlere turbulente kinetische Energie

$$\tilde{k} = \frac{1}{2} \cdot \overline{u''^2 + v''^2 + w''^2} \,, \tag{3.32}$$

die aus den Impulserhaltungsgleichungen abgeleitet werden kann und eine Transportgleichung für die mittlere Dissipationsrate $\tilde{\epsilon}$ der turbulenten kinetischen Energie. $\tilde{\epsilon}$ ist definiert durch den Ausdruck

$$\tilde{\epsilon} = \nu \cdot \overline{\left(\frac{\partial u_i''}{\partial x_k}\right)\left(\frac{\partial u_i''}{\partial x_k}\right)} \tag{3.33}$$

mit $\nu = \frac{\mu}{\rho}$ als der laminaren kinematischen Viskosität. Die Transportgleichung selbst wird dabei empirisch abgeleitet. Die beiden Gleichungen lauten

$$\frac{\partial(\overline{\rho}\tilde{k})}{\partial t} + \operatorname{div}(\overline{\rho}\vec{v}\tilde{k}) - \operatorname{div}(\mu_t \operatorname{grad}\tilde{k}) = G_k - \overline{\rho}\tilde{\epsilon} \tag{3.34}$$

$$\frac{\partial(\overline{\rho}\tilde{\epsilon})}{\partial t} + \operatorname{div}(\overline{\rho}\vec{v}\tilde{\epsilon}) - \operatorname{div}(\mu_t \operatorname{grad}\tilde{\epsilon}) = (C_1 G_k - C_2\overline{\rho}\tilde{\epsilon})\frac{\tilde{\epsilon}}{\tilde{k}} \quad . \tag{3.35}$$

Die turbulente Viskosität wird dann aus

$$\mu_t = C_\mu \cdot \overline{\rho} \cdot \frac{\tilde{k}^2}{\tilde{\epsilon}} \tag{3.36}$$

berechnet. Der Quellterm der turbulenten kinetischen Energie ist durch die Gleichung

$$G_k = C_\mu \overline{\rho} \mu_t \left(\frac{\partial \tilde{u}_i}{\partial x_j} + \frac{\partial \tilde{u}_j}{\partial x_i}\right) \tag{3.37}$$

gegeben. C_1, C_2 und C_μ sind empirische Modellkonstanten. Ihre Werte für das Standardmodell [64] sind Tabelle 3.1 zu entnehmen.

C_μ	0,09
C_1	1,44
C_2	1,92

Tabelle 3.1: Konstanten des Standard $k - \epsilon$ Modells

Auch in der vorliegenden Arbeit wurde ein Zweigleichungsmodell zur Modellierung der Turbulenz verwendet. Zum Einsatz kam dabei nicht das Standard $k - \epsilon$ Modell sondern eine Variante davon. Die verwendete Variante stammt von Speziale et al. [166] und löst zusätzlich zur Transportgleichung für die turbulente kinetische Energie eine Transportgleichung für ein turbulentes Zeitmaß τ. Das Modell berücksichtigt zusätzlich noch den Einfluss von Wänden auf die turbulente Viskosität. Das direkte Lösen einer Transportgleichung für ein turbulentes Zeitmaß gleicht einen wesentlichen Nachteil des $k-\epsilon$ Modells aus. Für Epsilon ist die Formulierung einer physikalisch sinnvollen Randbedingung an einer Wand sehr schwierig. Unmittelbar ableiten läßt sich nur eine Randbedinung, die die zweite Ableitung der turbulenten kinetischen Energie an der Wand beinhaltet. Die Anwendung dieser Randbedingung kann zu einer hohen numerischen Steifigkeit des Problems führen [114]. Die turbulente Zeitskala hingegen geht an einer Wand gegen Null und somit kann für die Transportgleichung einfach eine physikalisch begründetet Randbedingung abgeleitet werden [114, 166].

Die turbulente Viskosität ist bei diesem Modell durch die Gleichung

$$\mu_t \;=\; C_\mu\,\overline{\rho}\,f_\mu\,\tilde{k}\,\tilde{\tau} \tag{3.38}$$

gegeben. Der Faktor f_μ beschreibt den Einfluss einer Wand und berechnet sich aus

$$f_\mu \;=\; \left(1+\frac{3,45}{\sqrt{\mathrm{Re}_t}}\right)\cdot\tanh\left(\frac{y^+}{70}\right) \qquad . \tag{3.39}$$

Hier ist $\mathrm{Re}_t = \frac{\tilde{k}\tilde{\tau}}{\nu}$ die turbulente Reynoldszahl und y^+ der normierte Wandabstand, der sich berechnen läßt aus

$$y^+ = \frac{1}{\nu}\sqrt{\frac{\tau_w}{\overline{\rho}\cdot y}} \qquad \mathrm{mit} \qquad \tau_w = \overline{\rho}\cdot l\cdot\left[\frac{\partial\tilde{u}}{\partial y}\right]^2_{y=y_{\mathrm{Wand}}} \qquad . \tag{3.40}$$

Dabei ist l die mittlere freie Weglänge. Die verwendete Transportgleichung für die turbulente kinetische Energie hat dieselbe Form wie beim $k-\epsilon$ Modell und wird durch die Gleichung 3.34 bestimmt. Die Transportgleichung für die turbulente Zeitskala lautet

$$\frac{\partial(\overline{\rho}\tilde{\tau})}{\partial t}+\tilde{u}_i\frac{\partial(\overline{\rho}\tilde{\tau})}{\partial x_i} \;=\; (C_{\epsilon 1}-1)\frac{\tilde{\tau}}{\tilde{k}}\tau_{ij}\frac{\partial\tilde{u}_i}{\partial x_j}+(C_{\epsilon 2}f_2-1)+\frac{\partial}{\partial x_i}\left[\left(\nu+\frac{\nu_t}{\sigma_{\tau 2}}\right)\frac{\partial\tilde{\tau}}{\partial x_i}\right]$$
$$-\frac{2}{\tilde{\tau}}\left(\nu+\frac{\nu_t}{\sigma_{\tau 2}}\right)\frac{\partial\tilde{\tau}}{\partial x_i}\frac{\partial\tilde{\tau}}{\partial x_i}+\frac{2}{\tilde{k}}\left(\nu+\frac{\nu_t}{\sigma_{\tau 1}}\right)\frac{\partial\tilde{k}}{\partial x_i}\frac{\partial\tilde{\tau}}{\partial x_i} \tag{3.41}$$

Bei dem Faktor f_2 handelt es sich um einen Dämpfungsterm, der den Einfluss einer Wand modelliert und folgendermaßen bestimmt wird

$$f_2 = \left[1-\frac{2}{9}\exp\left(-\frac{\mathrm{Re}_t^2}{36}\right)\right]\left[1-\exp\left(-\frac{y^+}{5}\right)\right]^2 \qquad . \tag{3.42}$$

Die Werte der empirischen Modellkonstanten finden sich in Tabelle 3.2. Werden die Werte der Modellkonstanten $\sigma_{\tau 1}$, $\sigma_{\tau 2}$ und σ_k zu Null gesetzt, so reduziert sich das $k-\tau$ Modell auf das $k-\epsilon$ Modell wobei dann direkt in Gleichung 3.41 die turbulente Zeitskala durch $\tau = \frac{k}{\epsilon}$ ersetzt werden kann.

C_μ	0,09
$C_{\epsilon 1}$	1,44
$C_{\epsilon 2}$	1,83
$\sigma_{\tau 1}$	1,36
$\sigma_{\tau 2}$	1,36
σ_k	1,36

Tabelle 3.2: Konstanten des $k - \tau$ Modells [166]

3.3.4 Höherwertige Modellierung der Turbulenz

Darüber hinaus existieren noch eine Reihe weiterer höherwertigerer Modelle. Wesentlicher Vorteil dieser Modelle ist, dass sie ohne die als solches willkürliche Annahme einer turbulenten Viskosität (Gleichung 3.25) auskommen und somit einen wesentlichen Nachteil der bisher vorgestellten Modelle beseitigen. Allerdings sind sie allesamt mit einem deutlich höheren numerischen und rechnerischen Aufwand verbunden und benötigen ebenfalls bestimmte Modellannahmen. Vorgestellt werden im folgenden zum einen Reynoldsspannungsmodelle (RSM) und zum anderen ein Ansatz zur Grobstruktursimulation der Turbulenz (Large Eddy Simulation, LES).

Reynoldsspannungsmodelle

Bei Reynoldsspannungsmodellen werden Transportgleichungen für jede einzelne Reynoldsspannung $\overline{\rho u_i'' u_j''}$ und die Dissipationsrate der Reynoldsspannungen ϵ gelöst. Ein guter Einblick in die Verwendung von Reynolds-Spannungs-Modellen zur Simulation von turbulenten Verbrennungsprozessen findet sich zum Beispiel in [156]. Die exakte Transportgleichung der Reynoldsspannungen [72, 91] ergibt sich aus den Navier-Stokes Gleichungen und lautet

$$\frac{\partial \left(\overline{\rho u_i'' u_j''} \right)}{\partial t} + \frac{\partial}{\partial x_k} \left(\tilde{u}_k \, \overline{\rho u_i'' u_j''} \right) + \frac{\partial}{\partial x_k} T_{kij} = P_{ij} + R_{ij} + \epsilon_{ij} \quad . \tag{3.43}$$

Hierin tritt der Quellterm P_{ij} in geschlossener Form auf, für den Dissipationstensor ϵ_{ij}, den Druck-Streckungstensor (pressure-rate-of-strain) R_{ij} und den Fluss der Reynoldsspannungen T_{kij} sind weitere Modellannahmen notwendig. Dabei kommt der Modellierung des Druck-Streckungstensors die größte Bedeutung zu. Die einzelnen Terme sind im folgenden angegeben.

$$T_{kij} = \overline{\rho u_i'' u_j'' u_k''} \tag{3.44}$$

$$P_{ij} = -\overline{\rho u_j'' u_k''} \frac{\partial \tilde{u}_i}{\partial x_k} - \overline{\rho u_i'' u_k''} \frac{\partial \tilde{u}_j}{\partial x_k} \tag{3.45}$$

$$\epsilon_{ij} = \frac{2}{3} \epsilon \, \delta_{ij} \tag{3.46}$$

$$R_{ij} \;=\; \frac{2}{3}\,\delta_{ij}\,\overline{p'\,\frac{\partial u_k''}{\partial x_k}} \tag{3.47}$$

Die Gleichungen zeigen auf, dass bei RSM zum einen stets ein Modell für die Dreierkorrelationen der Geschwindigkeitsfluktuationen im Term T_{kij} und im Term R_{ij} für die Kreuzkorrelation aus Druckfluktuationen und des Gradienten der Geschwindigkeitsfluktuationen gefunden werden muss. Detaillierte Betrachtungen zu Modellierungsansätzen dieser Terme finden sich verschiedentlich in der Literatur (z.B. [129]).

Large-Eddy Simulation

Numerisch deutlich aufwendiger als der Einsatz von Reynolds-Spannungs-Modellen ist die Anwendung der Large-Eddy Simulation (LES) [46, 129]. Sie kann sowohl vom Rechenaufwand her als auch vom Modellierungsgrad zwischen RSM und der direkten numerischen Simulation (DNS) angesiedelt werden. Die der LES zu Grunde liegende Idee ist die einer turbulenten Wirbelkaskade [146], die schematisch in Abbildung 3.2 dargestellt ist.

Die in einer turbulenten Strömung existierenden Wirbel teilen sich in unterschiedliche Größen ein. Es gibt große energietragende Wirbelstrukturen, die durch die speziellen Strömungsverhältnisse des betrachteten Problems bestimmt werden und den Bereich der kleinen dissipierenden Wirbel, der für alle Strömungsverhältnisse selbstähnlich ist. Die Wirbelkaskade stellt den Ablauf des kontinuierlichen Zerfalls großer Wirbel in mehrere kleinskalige Wirbel dar. Die großskaligen Wirbel können dabei durch unterschiedliche Prozesse entstehen. So können viskose Scherkräfte zwischen zwei Fluiden mit verschiedenen Geschwindigkeiten, ein Querschnittssprung in einer Rohrströmung oder der Nachlaufeffekt eines geometrischen Hindernisses (z.B. Staukörper) in einer Strömung zur Bildung großskaliger Wirbel

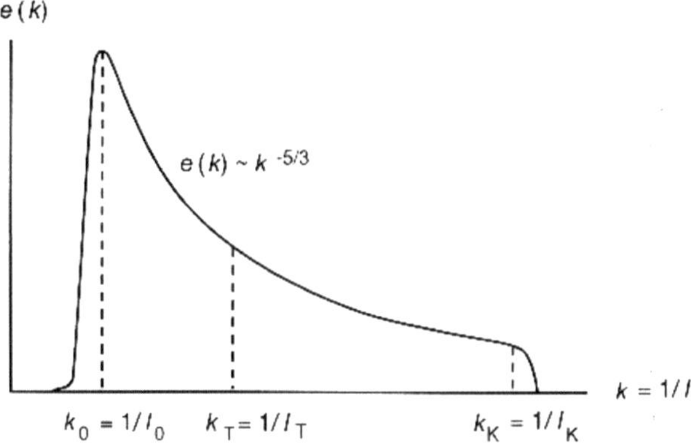

Abbildung 3.2: Spektrum der turbulenten kinetischen Energie (Wirbelkaskade) [146, 159]

führen. Die Größe der gebildeten Wirbel korreliert dabei mit den Längenskalen der sie erzeugenden makroskopischen Strukturen. Eine Betrachtung der einzelnen Längenskalen zeigt, daß hin zu kleinen Skalen die Wirbelstruktur mehr und mehr geometrisch unabhänig wird. Es wird gemeinhin angenommen, dass ab einer bestimmten kleinen Skala die Turbulenz als isotrop angesehen werden kann. Dies deutet auf die Existenz einer mittleren Skala hin unterhalb der die Strömung als isotrop angesehen werden kann, und oberhalb der die Strömung geometrieabhänig und somit auch problemabhänig ist. Dies ist die wesentliche der LES zu Grunde liegende physikalische Motivation.

Im Unterschied zu den Mittelungsmethoden (RANS, URANS) werden bei der LES die hydrodynamischen Größen nicht in Mittelwert und Schwankungsgröße aufgeteilt, sondern es wird eine Filterfunktion definiert, durch die die hydrodynamischen Größen in einen auflösbaren Anteil (Grobstruktur, grid scale) und einen nicht auflösbaren Anteil (Feinstruktur, sub-grid scale) aufgeteilt wird. Geht die Filterweite gegen Null ($\Delta \to 0$) dann geht die LES in eine DNS über. Als Vorteil gegenüber RSM werden in der LES Instabilitäten auf großen Skalen nicht gedämpft, sondern direkt repräsentiert. Bei Umströmungen von Staukörpern oder Strömungen mit Verbrennung können diese Effekte signifikant sein. Die Grobstruktur beinhaltet inhomogene und anisotrope Turbulenzstrukturen sowie energiereiche Wirbel. Diese können direkt berechnet werden. Kleinere Strukturen, wie zum Beispiel energiearme Wirbel, können nicht direkt aufgelöst werden. Modelliert werden muss somit der Einfluss der Feinstruktur auf die Grobstruktur. Die Filterweite Δ sollte sorgsam gewählt werden damit die gewünschte Größe der Struktur aufgelöst werden kann. Mit keinerem Δ wird aber auch das Rechengitter engmaschiger und die Rechenzeit länger. LES Methoden unterscheiden sich zum einen in der Art der verwendeten Filterfunktion sowie in den Modellen zur Beschreibung der Interaktion großer und kleiner Skalen. Eine Übersicht über verschiedene Modellansätze findet sich unter anderem in [129].

3.4   Schließungsproblem des chemischen Quellterms

Bei der Mittelung der Speziestransportgleichung entstehen ähnlich wie bei der Impulserhaltungsgleichung neue ungeschlossene Terme. Dies sind der mittlere chemische Quellterm $\overline{M_\alpha \dot{\omega}_\alpha}$ und die Kreuzkorrelation aus Geschwindigkeits- und Zusammensetzungsfluktuation $\overline{\rho\, u_i'' \, \omega_\alpha''}$. Grundsätzlich müssen diese Terme modelliert werden, was mit übervereinfachenden Modellen nur unzureichend möglich ist. Durch die Verwendung von Wahrscheinlichkeitsdichtefunktionen, können diese beiden Terme geschlossen behandelt werden. Details hierzu finden sich in 3.6.

Nichts desto trotz soll an dieser Stelle der Vollständigkeit halber ein einfaches Modell zum Schließen des chemischen Quellterms dargestellt werden. Als Beispiel für ein einfaches empirisches Modell soll ein Eddy BreakUp Modell vergestellt werden (z.B. [117]). Diese Gruppe von Modellen können die mittlere Reaktionsrate im Falle schneller chemischer Reaktionen beschreiben. Sie beruhen im wesentlichen auf der stark vereinfachenden Annahme, dass die Reaktionsrate durch die turbulente Dissipation bestimmt wird („*mixed is burnt*"). Analog zum Abfall der Turbulenz wird eine Rate postuliert, die den Zerfall von Bereichen unverbranntem Gases in Bereiche verbranntem Gases beschreibt. Diese Bruchstücke haben dann ausreichen Kontakt mit bereits verbranntem Fluid und eine ausreichend hohe Temperatur, so daß sie reagieren können. Für die Reaktionsrate eines beliebigen Brennstoffs F ergibt sich somit

$$\overline{M\,\dot{w}_F} = -\overline{\rho}\,C_F\,\sqrt{\overline{w_F''^2}}\,\frac{\overline{\epsilon}}{\tilde{k}} \qquad . \tag{3.48}$$

Hierbei ist C_F eine empirische Konstante der Größenordnung 1. Problematisch wird dieses einfache Modell unter anderem in der Nähe von Wänden, wo sowohl $\tilde{k}$ als auch $\tilde{\epsilon}$ gegen Null gehen und ihr Quotient somit nicht mehr einfach bestimmt ist. Deshalb sind häufig noch zusätzliche Modellannahmen notwendig um zu Verhindern, dass der chemische Quellterm nahe an einer Wand physikalisch nicht sinnvolle Werte annimmt [97].

3.5   Numerische Lösungsverfahren für die Navier-Stokes Gleichungen

In der numerischen Mathematik existieren eine Reihe von Verfahren zur Diskretisierung von partiellen Differentialgleichungssystemen. Erwähnt seinen hier ohne einen Anspruch auf Vollständigkeit Finite Differenzen Verfahren, Finite Volumen Verfahren, Finite Element Verfahren sowie Spektralmethoden [42, 108, 130]. Die folgenden Ausführungen beschränken sich auf die Finite Volumen Methode zur Lösung der Navier Stokes Gleichungen, da dieses Verfahren in dem in dieser Arbeit vorgestellten Simulationsmodell verwendet wird.

3.5.1   Integrale Form der Erhaltungsgleichungen

An dieser Stelle soll auf die bereits in Abschnitt 3.1 vorgestellte integrale Form der Erhaltungsgleichungen

$$\int\limits_{S} \rho\,\phi\,\vec{v}\cdot\vec{n}\,\mathrm{d}S \;=\; \int\limits_{S} \Gamma\,\mathrm{grad}\phi\cdot\vec{n}\,\mathrm{d}S \;+\; \int\limits_{\Omega} q_\phi\,\mathrm{d}\Omega \tag{3.49}$$

zurückgegriffen werden. Die Gleichungen sollen für eine beliebige Größe ϕ formuliert sein und es wird angenommen, dass sowohl das Geschwindigkeitsfeld als auch alle Eigenschaften des Fluids bekannt sind.

Eine Disketisierung mittels Finite Volumen ist vorteilhaft, da die Navier-Stokes Gleichungen integralen Charakter haben [42]. Das Lösungsgebiet wird durch die Diskretisierung in eine endliche Zahl von Kontrolvolumen aufgeteilt. Der Einfachheit halber werden hier zur Erklärung zweidimensionale kartesische Gitter verwendet. Die Methodik läßt sich jedoch auch für beliebige Gittertypen adaptieren. Für gewöhnlich werden die Kontrollvolumina durch

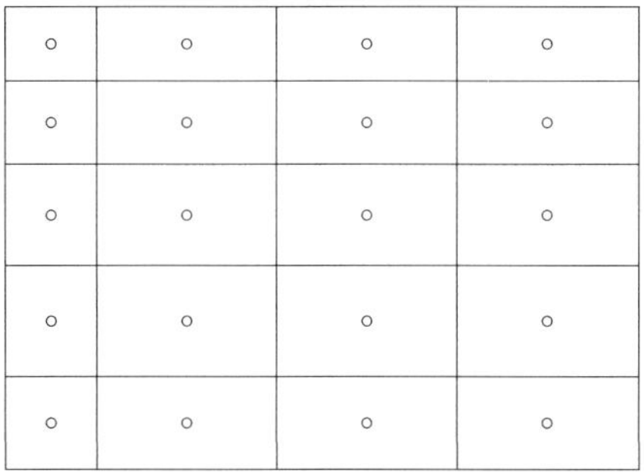

Abbildung 3.3: Beispiel eines zweidimensionalen Finite Volumen Gitters

ein geeignetes Gitter festgelegt und die Zellmittelpunkte als Stützpunkte bei der Lösung der Gleichungen verwendet (Abbildung 3.3). Die integrale Form der Erhaltungsgleichung muss sowohl für jedes Kontrollvolumen als auch für das gesamte Lösungsgebiet erfüllt sein. Um algebraische Ausdrücke für jedes Volumenelement zu erhalten müssen nun die Oberflächen- und Volumenintegrale numerisch approximiert werden.

3.5.2 Approximation der Oberflächenintegrale

Der Fluss durch die Grenzen des Kontrollvolumens entspricht der Summe der Integrale über die vier Seiten des Kontrollvolumens

$$\int_S f \, \mathrm{d}S = \sum_k \int_{S_k} f \, \mathrm{d}S \tag{3.50}$$

wobei f für die Normalkomponente des konvektiven ($\rho \phi \vec{u} \cdot \vec{n}$) oder des diffusiven ($\Gamma \mathrm{grad}\phi \cdot \vec{n}$) Flusses steht. Die notwendigen Ableitungen können zum Beispiel über einen zentralen Differenzenoperator bestimmt werden.

$$\left. \frac{\partial f}{\partial x} \right|_P = \frac{f_W - f_E}{2\,\Delta x} + \mathcal{O}\left(\Delta x^2\right) \tag{3.51}$$

Als einfachste Approximation der Integrale wird dann beispielsweise die Mittelpunktsregel verwendet. Exemplarische dargestellt für die Seite e lautet sie

$$F_e = \int_{S_e} f \, \mathrm{d}S = \overline{f_e} \, S_e \approx f_e \, S_e \quad . \tag{3.52}$$

S_e steht hierbei für die Seitenfläche des Kontrollvolumens, f_e errechnet sich aus zwei benachbarten Knotenpunkten beispielsweise nach

$$f_e = \frac{f_E + f_P}{2} \quad . \tag{3.53}$$

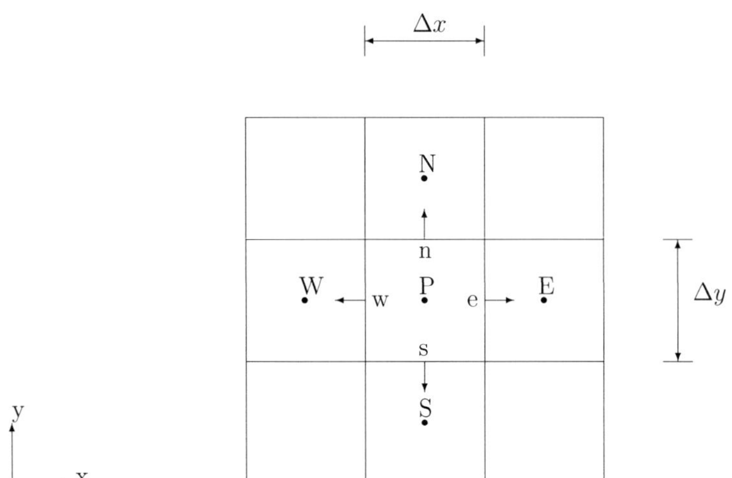

Abbildung 3.4: Äquidistante Finite Volumen Zelle

3.5.3 Approximation der Volumenintegrale

Um die Volumenintegrale zu approximieren wird der Integrand als konstant innerhalb des Volumens angenommen und mit dem Volumen der jeweiligen Zelle multipliziert.

$$Q_P \;=\; \int_V q_\phi \mathrm{d}V \;=\; \overline{q_\phi}\Delta V \;\approx\; q_\phi\Delta V \tag{3.54}$$

Durch die Approximation der Volumen- und Oberflächenintegrale können die Erhaltungsgleichungen numerisch gelöst werden.

3.6 Wahrscheinlichkeitsdichtefunktion

Ansätze zur Beschreibung chemischer Reaktionen in einer turbulenten Strömung, die Fluktuationen der Konzentration berücksichtigen, lassen sich anhand der zugrunde liegenden Annahme über die Verteilungsfunktion der Fluktuationen der beteiligten Spezies charakterisieren. So beruht zum Beispiel, dass in Abschnitt 3.4 diskutierte Eddy Breakup Modell für Vormischflammen auf der Annahme, dass die Reaktionen so schnell ablaufen, dass nur verbranntes oder unverbranntes Gemisch vorliegen kann [140]. Die dazu gehörige Verteilungsfunktion besteht folglich aus zwei δ-Funktionen. Werden hingegen Wahrscheinlichkeitsdichtefunktionen (PDF) verwendet, so wird im Gegensatz dazu direkt versucht die PDF zu berechnen. Klassifiziert werden können PDF Methoden grob in zwei Gruppen: solche die a priori eine bestimmte Form der PDF annehmen (z.B. β-Funktion) und dann nur Transportgleichungen für einige wenige Momente der Verteilungsfunktion lösen und solche die die PDF direkt aus ihrer Transportgleichung bestimmen. Der zweite Ansatz ist

deutlich allgemeingültiger, da die Form der PDF im allgemeinen bei einem Verbrennungsprozess nicht als bekannt angesehen werden kann und zusätzlich sich bei der Annahme
einer bestimmten Form für die PDF das Problem ergibt, dass zur Darstellung von Verbundwahrscheinlichkeitsdichtefunktionen Produktansätze verwendet werden müssen. Dies
ist bei statistisch nicht unabhänigen Größen wie zum Beispiel verschiedenen Spezieskon-
zentrationen eigentlich nicht zulässig. Aus diesen Gründen wird in dieser Arbeit nur der
zweite Ansatz verwendet. Er soll im folgenden näher erklärt werden.

3.6.1 Definition und grundlegende Eigenschaften

Ausgangspunkt der Modellierung einer (reaktiven) turbulenten Strömung mittes PDF Methoden ist die Beschreibung der Strömung als ein Zufallsprozess. Hierzu sei zur Verdeut-
lichung eine Komponente U des Geschwindigkeitsvektors eines beliebig wiederholbaren turbulenten Strömungsexperiments an einer bestimmten Stelle in Ort und Zeit (bezogen auf
den Beginn des Experiments) betrachtet. Die Zufallsvariable U wird vollständig durch ihre
PDF $f(V)$ beschrieben. Betrachtet man nun dieselbe Geschwindigkeit U als Funktion der
Zeit, so spricht man von einem Zufallsprozess. Dieser Zufallsprozess $U(t)$ kann durch die
dazugehörige Verteilungsfunktion zu einem Zeitpunkt

$$F(V,t) \equiv \mathrm{Prob}\,[U(t) < V] \tag{3.55}$$

oder durch die Wahrscheinlichkeitsdichtefunktion zu einem Zeitpunkt

$$f(V;t) \equiv \frac{\partial F(V,t)}{\partial V} \tag{3.56}$$

vollständig beschrieben werden, wobei die Verteilungsfunktion die Wahrscheinlichkeit beschreibt mit der die Zufallsvariable U zu einem bestimmten Zeitpunkt kleiner als die Pro-
benvariable V ist.
In einer turbulenten Strömung ist der Geschwindigkeitsvektor $\vec{U}(\vec{x},t)$ ein zeitabhäniges
Zufallsvektorfeld. Die dazugehörige Verteilungsfunktion an einem Punkt in Ort und Zeit
lautet dementsprechend

$$F(\vec{V};\vec{x},t) = \mathrm{Prob}\,[U_i(\vec{x},t) < V_i] \tag{3.57}$$

mit $i = 1, 2, 3$. Ihre gemeinsame Wahrscheinlichkeitsdichtefunktion (joint PDF) ergibt sich
zu

$$f(\vec{V};\vec{x},t) = \frac{\partial^3 F(\vec{V};\vec{x},t)}{\partial V_1\,\partial V_2\,\partial V_3} \quad . \tag{3.58}$$

An jedem Punkt in Ort und Zeit beschreibt diese PDF den Zufallsgeschwindigkeitsvektor
vollständig, aber beinhaltet ebenfalls keine gemeinsame Information über zwei oder mehr

verschiedene Zeitpunkte und Orte. Der Erwartungswert des Geschwindigkeitsfeldes ergibt sich zu

$$\left\langle \vec{U}(\vec{x},t) \right\rangle = \int\limits_{-\infty}^{\infty} \int\limits_{-\infty}^{\infty} \int\limits_{-\infty}^{\infty} \vec{V}\, f(\vec{V};\vec{x},t)\, \mathrm{d}V_1\, \mathrm{d}V_2\, \mathrm{d}V_3 \tag{3.59}$$

$$= \int \vec{V}\, f(\vec{V};\vec{x},t)\, \mathrm{d}\vec{V} \qquad . \tag{3.60}$$

Wobei die zweite Zeile eine im folgenden verwendete Kurzschreibweise des Terms

$$\int\limits_{-\infty}^{\infty} \int\limits_{-\infty}^{\infty} \int\limits_{-\infty}^{\infty} (\cdots)\, \mathrm{d}V_1\, \mathrm{d}V_2\, \mathrm{d}V_3 \tag{3.61}$$

darstellen soll.

Die PDF besitzt zwei wichtige Eigenschaften. Zum einen ist sie immer positiv

$$f(\vec{V};\vec{x},t) > 0 \tag{3.62}$$

und zum anderen ergibt eine Integration über der gesamten Zustandsraum, auf dem sie definiert ist, die Normierungseigenschaft

$$\int f(\vec{V};\vec{x},t)\, \mathrm{d}\vec{V} = 1 \qquad . \tag{3.63}$$

Für jede beliebige Funktion $Q(\vec{U}(\vec{x},t))$ kann bei bekannter PDF der Erwartungswert der Funktion aus der PDF bestimmt werden.

$$\left\langle Q(\vec{U}(\vec{x},t)) \right\rangle \equiv \int Q(V)\, f(\vec{V};\vec{x},t)\, \mathrm{d}\vec{V} \tag{3.64}$$

3.6.2 Verbundwahrscheinlichkeitsdichtefunktion

Zur Beschreibung einer turbulenten Strömung mit überlagerter chemischer Reaktion, ist als Erweiterung des bisher dargestellten, die Betrachtung der Verbundwahrscheinlichkeitsdichtefunktion der Geschwindigkeit und des Zustandsvektors notwendig. Die Verbundwahrscheinlichkeitsverteilungsfunktion beschreibt die Wahrscheinlichkeit mit der an einer Stelle in Ort und Zeit der Geschwindigkeitsvektor kleiner als der Probenvektor und der Zustandsvektor ebenfalls kleiner als der dazugehörige Probenvektor ist.

$$F_{U,\phi}(V,\psi;x,t) = \mathrm{Prob}(U(x,t) < V, \phi(x,t) < \psi) \tag{3.65}$$

Hierin sind U und ϕ jeweils Vektorfelder mit den korrespondierenden Probenvariablen V und ψ. Das Kleinerzeichen bedeutet, dass der jeweilige Vektor komponentenweise kleiner als der dazugehörige Probenvektor ist. Die Verbundwahrscheinlichkeitsdichtefunktion (JPDF) ergibt sich durch partielle Ableitung von Gleichung 3.65 nach den Probenvariablen.

$$f_{U\phi}(V,\psi;x,t) = \frac{\partial^2 F_{U,\phi}(V,\psi;x,t)}{\partial V\, \partial\psi} \tag{3.66}$$

Die JPDF ergibt somit die Wahrscheinlichkeit mit welcher der Zustandsvektor im Interval $\psi \leq \phi < \psi + \mathrm{d}\psi$ und der Geschwindigkeitsvektor im Interval $V \leq U < V + \mathrm{d}V$ ist.

$$f_{U\phi}(V, \psi; x, t)\mathrm{d}V\,\mathrm{d}\psi \;=\; \mathrm{Prob}(\psi \leq \phi < \psi + \mathrm{d}\psi, V \leq U < V + \mathrm{d}V) \tag{3.67}$$

Zur später beschriebenen Lösung der PDF Transportgleichung werden bedingte Wahrscheinlichkeiten beziehungsweise bedingte Erwartungswerte benötigt. Die bedingte Wahrscheinlichkeit beschreibt wie groß die Wahrscheinlichkeit des Eintritts eines Ereignisses B ist, sofern zuvor das Ereignis A eingetreten ist.

$$\mathrm{Prob}(B \mid A) = \frac{\mathrm{Prob}(AB)}{\mathrm{Prob}(B)} \tag{3.68}$$

Dargestellt wird sie durch einen senkrechten Strich. Das hinter dem Strich stehende Ereignis ist das vorausgesetzte. $\mathrm{Prob}(AB)$ ist die Wahrscheinlichkeit des gemeinsamen Auftretens von A und B.

Analog lassen sich bedingte Wahrscheinlichkeitsdichtefunktionen definieren, z.B. die Wahrscheinlichkeit einer bestimmten Zusammensetzung unter der Voraussetzung, daß eine bestimmte Geschwindigkeit vorliegt.

$$f_\phi(\psi \mid V = U; x, t) \;=\; \frac{f_{U\phi}(\psi, V; x, t)}{f_U(V; x, t)} \tag{3.69}$$

Mittels bedingter Wahrscheinlichkeitsdichtefunktionen lassen sich für beliebige Größen Q bedingte Erwartungswerte formulieren.

$$\langle Q(\phi) \mid U \rangle \;=\; \int_\psi Q(\psi) f_\phi(\psi, V = U; x, t)\mathrm{d}\psi \tag{3.70}$$

Dies stellt exemplarisch den Erwartungswert der Größe Q für eine bestimmte Geschwindigkeit $V = U$ dar. Hierdurch kann wie später gezeigt wird der mittlere chemische Quellterm unter der Annahme, daß seine PDF bekannt ist, exakt bestimmt werden. Die stark nichtlineare Abhänigkeit des chemischen Quellterms von der Temperatur kann somit detailliert berücksichtigt werden.

3.6.3 PDF Transportgleichung

Für die Wahrscheinlichkeitsdichtefunktion kann aus den Navier-Stokes Gleichungen eine Transportgleichung abgeleitet werden. Die Lösung dieser Gleichung ist dann die PDF selbst. Die Transportgleichung soll hier nur vorgestellt werden und die einzelnen Terme kurz erklärt werden. Eine detaillierte Herleitung findet sich unter anderem in [124,129] oder im Anhang dieser Arbeit.

$$
\underbrace{\rho(\psi)\frac{\partial f}{\partial t}}_{1} + \underbrace{\rho(\psi)V_j\frac{\partial f}{\partial x_j}}_{2} + \underbrace{\left[\left(\rho(\psi)g_j - \frac{\partial\langle p\rangle}{\partial x_j}\right)\right]\frac{\partial f}{\partial V_j}}_{3} +
$$

$$
\underbrace{\frac{\partial}{\partial\psi_\alpha}\left[\rho(\psi)S_\alpha(\psi)f_{U\phi}(V,\phi;x,t)\right]}_{4} =
$$

$$
\underbrace{\frac{\partial}{\partial V_j}\left[\left\langle -\frac{\partial\tau_{ij}}{\partial x_i} + \frac{\partial p^{'}}{\partial x_i}\right\rangle f_{U\phi}(V,\phi;x,t)\right]}_{5} +
$$

$$
\underbrace{\frac{\partial}{\partial\psi_\alpha}\left[\left\langle -\frac{\partial J_i^\alpha}{\partial x_i} \mid V,\psi\right\rangle f_{U\phi}(V,\phi;x,t)\right]}_{6} \tag{3.71}
$$

Die Terme beschreiben die folgenden Effekte:

1. zeitliche Änderung der PDF

2. Änderung der PDF durch konvektiven Transport aufgrund des stochastischen Geschwindigkeitsfeldes

3. Einfluss des mittleren Druckgradienten und der Gravitation

4. chemischer Quellterm

5. Einfluss der turbulenten Druckfluktuationen und der viskosen Scherkräfte

6. molekularer Transport (Diffusion)

Alle Terme auf der linken Seite der Gleichung, einschließlich des chemischen Quellterms, erscheinen in geschlossener Form und bedürfen keiner weiteren Modellierung. Lediglich die beiden Terme auf der rechten Seite der Gleichung müssen modelliert werden. Jedoch gestaltet sich die Modellierung dieser beiden Terme, wie Abschnitt 3.6.5 ausgeführt, deutlich einfacher als das Modellieren des (ungeschlossenen) mittleren chemischen Quellterms, wie es bei vielen anderen Methoden zur Simulation turbulenter reaktiver Strömungen nötig ist. Allerdings handelt es sich bei der PDF Transportgleichung um eine multidimensionale Transportgleichung. Die Zahl der unabhänigen Variablen beträgt im dreidimensionalen Fall 7 (jeweils drei Dimensionen im Ortsraum und im Geschwindigkeitsraum, sowie die Zeit) plus die Zahl der zur Beschreibung des thermochemischen Zustands notwendigen Variablen n_S. Wegen ihrer hohen Dimensionalität wird die PDF Transportgleichung im allgemeinen nicht mit einem Finite Volumen oder Finite Differenzen Verfahren gelöst, da der Rechenaufwand zu groß wäre. Generell steigt bei solchen Verfahren der Rechenaufwand exponentiell mit der Dimension der betrachteten Gleichung an. Deshalb werden zur Lösung der PDF Transportgleichung Monte Carlo Verfahren eingesetzt. Diese finden weite Anwendung in verschiedenen Bereichen der rechnergestützten Lösung physikalischer Probleme und haben den wesentlichen Vorteil, dass bei ihnen der Rechenaufwand nur linear mit der Zahl der betrachteten Dimensionen ansteigt. Die Details des auf numerischen Partikeln basierenden Lösungsverfahrens finden sich im folgenden Abschnitt.

3.6.4 Numerische Lösung der PDF Transportgleichung

Wie bereits erwähnt wird die PDF Transportgleichung wegen ihrer hohen Dimensionalität mit einem auf stochastischen Partikeln basierenden Monte Carlo Verfahren gelöst. Der Rechenaufwand dieses Verfahrens steigt nur proportional zur Dimension des betrachteten Problems an, allerdings sind zur Verringerung des systematischen Fehlers beim Lösen der Gleichung eine große Zahl an numerischen Partikeln notwendig. Grundlegende Idee des partiklenbasierenden Lösungsverfahrens ist die Tatsache, dass die momentane Wahrscheinlichkeitsdichtefunktion als Summe von Diracschen δ-Funktionen darstellbar ist [123, 124].

$$f_{U\phi x}^{*}(\vec{\psi}, \vec{V}; x, t) \;=\; \sum_{i=1}^{N(t)} \delta(\vec{U}^{*(i)} - \vec{V})\,\delta(\vec{\phi}^{*(i)} - \vec{\psi})\,\delta(\vec{x}^{*(i)} - \vec{x}) \qquad (3.72)$$

Zur Erklärung sei zunächst eine Massendichtefunktion (mass density function, MDF) eingeführt. Das tatsächlich verwendetet Lösungsverfahren für die PDF Transportgleichung basiert auf dieser MDF.
Sei

$$\mathfrak{F}(\vec{V}, \vec{\psi}, \vec{x}; t) \equiv \rho f(\vec{V}, \vec{\psi}; \vec{x}, t) \qquad (3.73)$$

die erwähnte MDF, dann sind ihre beiden wichtigsten Eigenschaften

$$\int \mathfrak{F}(\vec{V}, \vec{\psi}, \vec{x}; t)\, \mathrm{d}\vec{V}\, \mathrm{d}\vec{\psi} \;=\; \langle \rho \rangle \qquad (3.74)$$

$$\int \mathfrak{F}(\vec{V}, \vec{\psi}, \vec{x}; t)\, \mathrm{d}\vec{V}\, \mathrm{d}\vec{\psi}\, \mathrm{d}\vec{x} \;=\; M \qquad (3.75)$$

wobei M die Gesamtmasse des Systems darstellt. Der massengewichtete Mittelwert einer beliebigen Funktion Q von $\vec{V}$ und $\vec{\psi}$ ergibt sich zu:

$$\langle \rho \rangle\, \tilde{Q} \;=\; \int Q(\vec{V}, \vec{\psi})\, \mathfrak{F}(\vec{V}, \vec{\psi}, \vec{x}; t)\, \mathrm{d}\vec{V}\, \mathrm{d}\vec{\psi} \qquad (3.76)$$

$\mathfrak{F}$ ist keine PDF, da sie die Normierungsbedingung

$$\int f(\vec{V}, \vec{\psi}, \vec{x}; t)\, \mathrm{d}\vec{V}\, \mathrm{d}\vec{\psi}\, \mathrm{d}\vec{x} \;=\; 1 \qquad (3.77)$$

nicht erfüllt. Die Größe $\mathfrak{F}/M$ ist jedoch eine PDF, deren physikalische Interpretation wie folgt ist:

- Das gesamte betrachtete System wird auf einen Punkt mit der Gesamtmasse M reduziert, dessen Ort und Zustand durch eine vektorielle Zufallsvariable beschrieben werden kann.

- Dann ist $\mathfrak{F}\,\mathrm{d}\vec{V}\,\mathrm{d}\vec{\psi}\,\mathrm{d}\vec{x}$ die Wahrscheinlichkeit, dass sich der Orts-, Geschwindigkeits- und Zustandsvektor jeweils im Interval $[\vec{x}, \vec{x}+\mathrm{d}\vec{x}]$, $\left[\vec{V}, \vec{V}+\mathrm{d}\vec{V}\right]$ bzw. $\left[\vec{\psi}, \vec{\psi}+\mathrm{d}\vec{\psi}\right]$ befinden.

Zur Ableitung des formalen Zusammenhangs zwischen MDF und Zufallsgröße des Monte-Carlo Verfahrens soll lediglich eine Realisierung der Strömung betrachtet werden. Das gesamte System reduziert sich somit auf ein sogenanntes stochastisches Partikel dessen momentaner Zustand als

$$\mathfrak{F}^*(\vec{V}, \vec{\psi}, \vec{x}; t) \;=\; M\,\delta(\vec{U}^* - \vec{V})\,\delta(\vec{\phi}^* - \vec{\psi})\,\delta(\vec{x}^* - \vec{x}) \tag{3.78}$$

dargestellt werden kann. Das Partikel wird einem stochastischen Prozess unterworfen. Der Erwartungswert des Partikelzustands ist dann die PDF $\mathfrak{F}/M$. Für die MDF kann analog zu Gleichung 3.71 eine Transportgleichung formuliert werden. Sie findet sich unter anderem in [124,162]. Hierbei muss um vom stochastischen Prozess zur MDF zu kommen stets die mathematische Operation der Erwartungswertbildung vorgenommen werden. In der konkreten Umsetzung wird die Erwartungswertbildung durch Bildung des Mittelwertes ersetzt. Um dabei zu belastbaren Ergebnissen mit einem möglichst geringen stochatischen Fehler zu kommen ist eine gewisse Mindestanzahl an stochastischen Elementen bzw. stochatischen Partikeln notwendig [165]. Das verwendete Ensemble n_P der stochatischen Partikel, ergibt eine Approximation $\mathfrak{F}_N$ der MDF $\mathfrak{F}$.

$$\mathfrak{F}_N \;=\; m_P \sum_{n=1}^{n_P} \delta(\vec{U}^{*(i)} - \vec{V})\,\delta(\vec{\phi}^{*(i)} - \vec{\psi})\,\delta(\vec{x}^{*(i)} - \vec{x}) \tag{3.79}$$

Wobei

$$m_P \;=\; \frac{M}{n_P} \tag{3.80}$$

die durch ein Partikel repräsentierte Masse ist. Da gilt

$$\mathfrak{F} \;=\; \langle \mathfrak{F}_N \rangle \tag{3.81}$$

handelt es sich bei $\mathfrak{F}_N$ um eine diskrete Approximation der kontinuierlichen MDF $\mathfrak{F}$ durch eine Summe von δ-Funktionen, die als ein Ensemble von stochatischen Partikeln interpretiert werden können. Womit die Gültigkeit von Gleichung 3.72 gezeigt wurde und ihre Bedeutung als diskete Approximation der PDF, die Abbildung 3.5 darstellt, einsichtig wird. Gemäß den Anfangsbedingungen, die durch die PDF zum Zeitpunkt $t = 0$ gegeben sind, wird im physikalischen Raum und im Zustandsraum ein Ensemble stochastischer Partikel generiert, welches den Gleichungen 3.74 und 3.76 genügt. Die Partikel werden dann stochastischen Prozessen unterworfen. Die kontinuierliche PDF läßt sich im einfachsten Fall

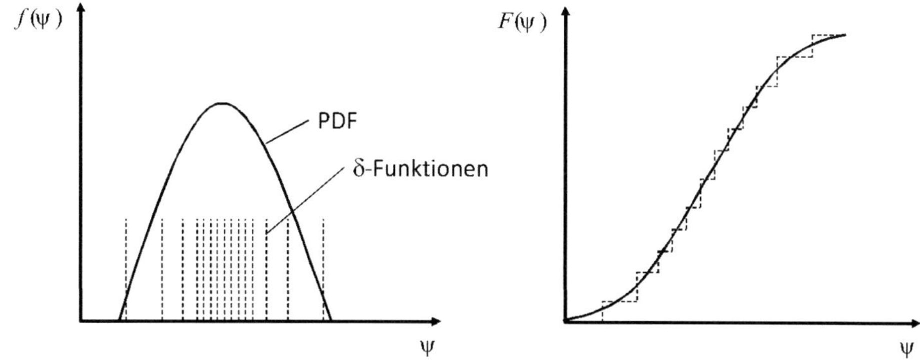

Abbildung 3.5: Wahrscheinlichkeitsdichtefunktion als Summe von δ-Funktionen (links) und die dazugehörige Verteilungsfunktion (rechts) [9]

durch gruppieren der Partikel in unterschiedliche Klassen im physikalischen Raum oder im Zustandsraum gewinnen.

Um aus der zeitlichen Entwicklung der konkreten Form der PDF, die zeitliche Entwicklung einzelner Momente der Verteilung der Skalare und der Geschwindigkeiten im physikalischen Raum bestimmen zu können, wird der physikalische Raum in Zellen unterteilt (siehe Abbildung 3.6). Die schematische Darstellung zeigt die Diskretisierung der gesamten Lösungsdomäne in ein Finte Volumen Gitter und stellt exemplarisch die in einer Zelle befindlichen numerischen Partikel da. Alle Vektoren sollen die Bewegungsrichtung der Partikel veranschaulichen. Die einer Zelle zugeordneten Momente werden durch Ensemblemittelung aus den Zuständen der Partikel in der Zelle bestimmt.

Prinzipiell läßt sich jedem beliebigen stochatischem Prozess eine PDF Transportgleichung zuordnen. Die Aufgabe besteht nun darin, entsprechend geeignete Prozesse zu finden und auf die stochastischen Partikel anzuwenden, so dass die den Partikeln durch Erwartungswertbildung zugeordnete PDF der speziellen PDF Transportgleichung (3.71) genügt. Wenn dies der Fall ist, dann kann der Prozess zur Lösung der PDF Transportgleichung innerhalb eines Monte Carlo Verfahrens zusammen mit den Anfangs- und Randbedingungen verwendet werden. Mathematisch betrachet wird das Lösen der hochdimensionalen partiellen Differentialgleichung, die die PDF Transportgleichung darstellt, dadurch überführt in das Lösen mehrerer gewöhnlicher (stochastischer) Differentialgleichungen. Die einzelnen dabei auf Partikelebene gelösten Gleichungen werden im Abschnitt 3.6.6 gesammelt dargestellt.

3.6.5 Modellierung der ungeschlossenen Terme

Wie bereits in Abschnitt 3.6.3 dargestellt beinhaltet die PDF Transportgleichung (Gleichung 3.71) zwei ungeschlossene Terme, die modelliert werden müssen. Einige der gebräuch-

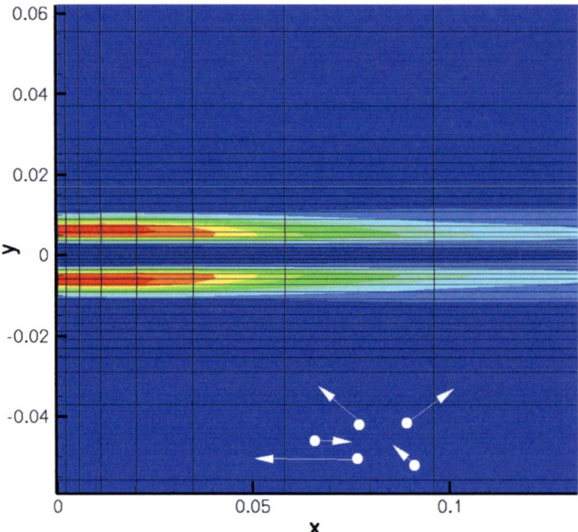

Abbildung 3.6: Schematische Darstellung eines allgemeinen Rechnengitters und der stochastischen Partikel

lichsten Modellierungsansätze, die in der Literatur zu finden sind, sollen im folgenden diskutiert werden.

Molekulares Mischen

Der Term

$$\frac{\partial}{\partial \psi_\alpha}\left[\left\langle -\frac{\partial J_i^\alpha}{\partial x_i} \mid V, \psi \right\rangle f_{U\phi}(V, \phi; x, t)\right] \tag{3.82}$$

beschreibt den Einfluss von molekularem Mischen (Diffusion und dadurch eventuell bedingter Wärmeleitung) auf die Form der PDF und kommt in ungeschlossener Form vor, da die PDF nur statistische Informationen über einen Punkt, nicht aber über die bedingten Wahrscheinlichkeiten der lokalen Gradienten enthält.

Es existieren eine Vielzahl verschiedener Modellierungsansätze in der Literatur. Eine vergleichende Studie verschiedener Modelle für nicht-vorgemischte Flammen aus jüngster Zeit findet sich unter anderem in [99,144]. Aus Modellierungssicht ist es sehr entscheidend für das molekulare Mischen (häufig auch Mikromischen genannt) allgemeingültige und möglichst exakte Ansätze zu finden. Die zu modellierenden Prozesse spielen sich auf den kleinsten Skalen ab und verursachen enorme Schwierigkeiten bei der Beschreibung [126]. Von Fox [43],

Pope [129] und Subramaniam und Pope [145] werden folgende Kriterien genannt, die ein optimales Mischungsmodell erfüllen sollte.

(i) Der Mittelwert der Skalare darf nicht verändert werden

(ii) Die Varianz der Skalare muss abnehmen

(iii) In homogener Turbulenz soll die gemeinsame PDF inerter Skalare auf eine Gaussfunktion relaxieren

(iv) Die Realisierbarkeit muss Berücksichtigung finden, so sind z.B. die Molenbrüche auf das Interval $[0; 1]$ beschränkt

(v) Invarianz gegenüber lineraren Transformationen im Skalarraum muss sichergestellt sein, sowie die Unabhänigkeit von passiven Skalaren

(vi) Lokalität in Skalarraum muss gegeben sein

(vii) Die reale Abhängigkeit von skalaren Längenskalen muss dargestellt werden

(viii) Eine korrekte Abhänigkeit von Reynolds-, Schmidt- und Damköhler-Zahl ist notwendig

Die ersten Modellierungsansätze für das molekulare Mischen gehen auf die Arbeiten von [32] zurück. Das dort vorgestellte Coalescence-Dispersion (CD) Modell soll hier nicht näher dargestellt werden. Detailliert vorgestellt werden im folgenden das IEM (interaction by exchange with mean) Modell, das Curl Modell sowie das in dieser Arbeit verwendete modifizierte Curl Modell von Janicka et al. [61]. Abschließend werden dann noch einige Bemerkungen zu aktuell entwickelten Mischungsmodellen gemacht. Die Erläuterungen sollen sich dabei auf die Betrachtungsebene der stochatischen Prozesse (stochatischen Partikeln) beschränken.

IEM Modell

Ausgangspunkt des IEM Modells [34, 35, 155] ist die Beobachtung, dass die Zusammensetzungsfluktuationen immer in Richtung des Mittelwertes relaxieren. Die Geschwindigkeit dieses Prozesses wird durch den empirisch bekannten Varianzabbau festgelegt. Auf Partikelebene bedeutet dies

$$\Delta\phi_\alpha^* = -\frac{1}{2}\frac{1}{\tau_\phi}\left(\phi_\alpha^* - \langle\phi_\alpha\rangle\right)\Delta t \tag{3.83}$$

mit

$$\tau_\phi = \frac{1}{C_\phi}\tau_t \quad . \tag{3.84}$$

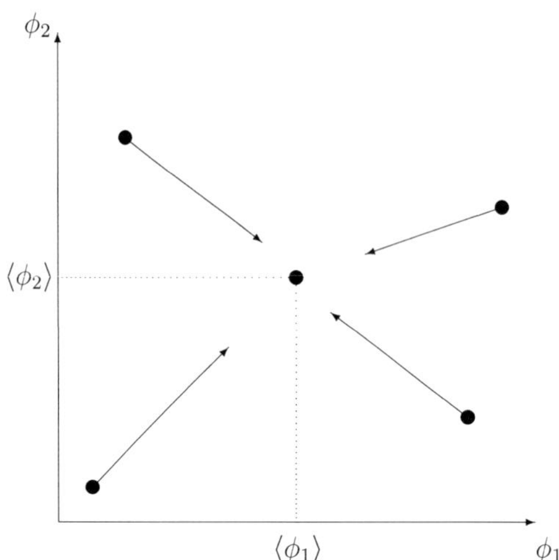

Abbildung 3.7: Turbulente Vermischung eines Partikelensembles nach dem IEM Modell

ϕ_α ist dabei der Massenbruch der Spezies α, C_ϕ eine Modellkonstante mit der die Mischungsgeschwindigkeit des Modells an empirische Daten angepasst wird und τ_t die turbulente Zeitskala. Abbildung 3.7 stellt für ein System mit zwei Skalare ϕ_1 und ϕ_2 das Verhalten des IEM Modells dar. Jeder Punkt stellt ein stochatisches Partikel dar. Während eines Zeitschritts Δt relaxieren alle Partikel mit einer individuell verschiedenen Geschwindigkeit hin zu dem gemeinsamen Erwartungswert des Partikelensembles. Die Änderung der Partikelzusammensetzung durch die modellierte Relaxation sollen die Pfeile in der Abbildung darstellen.

Dieses Modell erfüllt die Anforderungen (i), (ii), (iv) und (v), jedoch kann es nicht die Relaxation zu einer Gaussfunktion darstellen (iii) und ebenfalls keine Lokalität des Mischungsprozesses im Zustandraum gewährleisten (vi). Der wesentliche Nachteil des Modells ist jedoch, dass es die Form der PDF erhält, was eine falsche Beschreibung der realen physikalischen Bedingungen darstellt. Dies kann bei homogener Turbulenz zu sehr schlechten Ergebnissen führen, wenn keine richtige Anfangsbedingung für die PDF vorgegeben wird. Jedoch bleibt festzuhalten, dass dieser Nachteil bei inhomogener Turbulenz deutlich weniger ins Gewicht fällt, da hier durch Markomischungsvorgänge ebenfalls die Form der lokalen PDF der Skalare beeinflusst wird. Deshalb und wegen seiner Einfachheit und Effizienz ist das IEM Modell immer noch das am meisten verwendete Mischungsmodell [105,106].

Curl Modell

Beim Curl Modell handelt es sich um ein stochastisches Partikelmodell. In seiner Grundform wurde es von Curl veröffentlicht [32]. Weitere Ausführungen dazu finden sich auch in [123].

Der Algorithmus läuft wie folgt ab: Für einen Zeitschritt Δt wird aus der Gesamtzahl N_P des Partikelensembles in einer Zelle des Rechengebiets eine Anzahl zu mischender Partikel N_{mix} gemäß

$$N_{\text{mix}} = \beta \, N_P \, \frac{1}{\tau_\phi} \, \Delta t \tag{3.85}$$

mit

$$\tau_\phi = \frac{1}{C_\phi} \, \tau_t \tag{3.86}$$

ausgewählt. Aus den so gewählten Partikeln werden nun zufällig Paare Q und P gebildet und miteinander vermischt.

$$\phi_Q^{\text{neu}} = \frac{1}{2} \left(\phi_Q + \phi_P \right) \tag{3.87}$$

$$\phi_P^{\text{neu}} = \frac{1}{2} \left(\phi_Q + \phi_P \right) \tag{3.88}$$

Die Konstante β wird dabei so festgelegt, dass die Varianzabnahme mit der Zeit korrekt wiedergegeben werden kann. Allerdings hat das Modell in dieser Form den wesentlichen Nachteil, dass es nur diskrete Mischungszustände wiedergeben kann. Leicht einsichtig wird dies am Beispiel der Vermischung eines passiven Skalars der als Anfangsverteilung zwei δ-Funktionen bei $\phi = 0$ und $\phi = 1$ besitzt. Beim Mischen entstehen nun neue diskrete Zustände. Nach dem ersten Mischungsschritt existieren somit die Zustände $\phi = 0$, $\phi = \frac{1}{2}$ und $\phi = 1$. Beim zweiten Mischungsschritt kommen die Zustands $\phi = \frac{1}{4}$ und $\phi = \frac{3}{4}$ hinzu. Setzt man diese Reihe beliebig lange fort, so ist leicht einsichtig, dass alle dabei generierte Zustände Vielfache von n^{-2}, mit n als Anzahl der Mischungsschritte, sind. Offensichtlich entspricht dies nicht der Realität, da ein Skalar jeden Wert beliebigen zwischen 0 und 1 einnehmen kann.

Modifiziertes Curl Modell

Dieser Nachteil wird durch eine in [61] dargestellte Modellerweiterung behoben. Dabei werden die Partikelpaare nicht mehr in einem festen Verhältnis miteinander vermischt, sondern mit einem Mischungsgrad α.

$$\phi_Q^{\text{neu}} = (1 - \alpha) \, \phi_Q + \frac{1}{2} (\phi_Q + \phi_P) \tag{3.89}$$

$$\phi_P^{\text{neu}} = (1 - \alpha) \, \phi_P + \frac{1}{2} (\phi_Q + \phi_P) \tag{3.90}$$

Der Mischungsgrad α ist eine auf dem Interval $[0..1]$ gleichverteilte Zufallsvariable. Die Anzahl der zu mischenden Partikel (Gleichung 3.85) sowie die turbulente Mischungszeitskala (Gleichung 3.86) bleiben dabei jeweils unverändert zum Curl Modell. Lediglich die Modellkonstante β muss an diese Modifikation angepasst werden und hat in der Literatur den Wert 3 [61]. Abbildung 3.8 stellt einen mit dem modifizierten Curl Modell beschriebenen

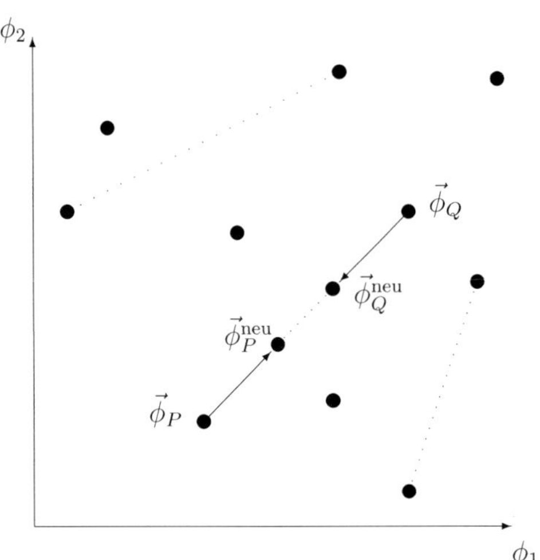

Abbildung 3.8: Abbildung der Mischung in einem vereinfachten Zustandsraum mit dem modifizierten Curl Modell

Mischungsprozess zweier passiver Skalare im Zustandsraum dar. Exemplarisch verdeutlich werden soll hier die Mischung eines beliebigen Partikelpaares P und Q. Die Mischung erfolgt dabei mit einem zufälligen Mischungsgrad in Richtung des Mittelwertes des Partikelpaares. Die Änderung der Zusammensetzung wird durch einen Pfeil dargestellt. Wie auch beim Standard Curl Modell mischen hier nicht alle Partikel in einer Zelle, sondern nur einige (zufällig) ausgewählte Partikelpaare. Dieser Sachverhalt soll in Abbildung 3.8 durch einzelne ungepaarte Partikel und durch die mit Linien verbundenen Partikelpaare veranschaulicht werden.

Wie beim IEM Modell werden auch durch das modifizierte Curl Modell die Bedingungen (i), (ii) , (iv) und (v) erfüllt. Bedingung (iii) wird allerdings ebenfalls nicht (vollständig) erfüllt. Zwar relaxiert die Verteilungsfunktion zu einer der Gaussverteilung sehr ähnlichen Funktion, aber die höheren Momente der Verteilungsfunktion stimmen nicht mit einer Gaussverteilung überein. Da in inhomogenen und reagierenden Strömungen die Mischungsvorgänge stark durch andere Prozesse wie z.B. Konvektion überlagert werden, fällt diese Einschränkung nicht besonders ins Gewicht. Das Modell ist wie zahlreiche Anwendugen zeigen [14, 98, 105, 107, 164] gut zur Simulation turbulenter Flammen geeignet.

Weitere Modellierungsansätze

Ohne Anspruch auf Vollständigkeit sollen im folgenden kurz einige weitere Modellierungsansätze für molekulare Mischungsprozesse dargestellt werden.

- **Langevin Modell für die Zusammensetzung**

  Bei dem in [152] dargestellten Modell handelt es sich nicht um eine alternative Modellklasse. Es wird hier ein, zu den Modellen für die Geschwindigkeitsflukationen analoges, Langevin Modell vorgeschlagen. In obriger Quelle wird es für einen auf dem Interval $]0, \phi_{\max}[$ beschränkten inerten Skalar formuliert. Die Festlegung des Wertes für $\phi_{\max}$ gestaltet die Anwendung dieses Modells bei reaktiven Skalaren schwierig. In Partikelschreibweise lautet es:

$$\Delta \phi_\alpha^* = A_\phi \left(\phi_\alpha^* - \langle \phi_\alpha \rangle \right) \Delta t + \sqrt{B_\phi}\, \mathrm{d}W^b \tag{3.91}$$

  mit

$$A_\phi = \frac{1}{2} \frac{1}{\tau_\phi} \left[1 + K_0 \left(1 - \frac{\langle \phi'^2 \rangle}{\phi_{\max}^2} \right) \right] \tag{3.92}$$

$$B_\phi = \frac{1}{\tau_\phi} \left[\left(1 - \frac{(\phi_\alpha^* - \langle \phi_\alpha \rangle)^2}{\phi_{\max}^2} \right) \langle \phi^2 \rangle \right] \tag{3.93}$$

  Durch den Term A_ϕ wird die Relaxation in Richtung des Mittelwertes beschrieben, Term B_ϕ stellt einen stochastischen Diffusionsterm dar. Die Modellkonstante K_0 hat einen Wert von $0,7$ und der Term $\mathrm{d}W^b$ ist ein binomiales Wienerinkrement, welches durch den Term $\sqrt{\xi\,\mathrm{d}t}$ modelliert wird. ξ ist dabei eine binomialverteilte Zufallsvariable. Das Modell erfüllt neben den Bedingungen (i), (ii), (iv) und (v) noch Bedingung (iii), die eine Relaxation der Verteilung hin zu einer Gaussverteilung in homogener Turbulenz fordert. Allerdings erfüllt es ebenfalls nicht die Anforderung der Lokalität im Zustandsraum. Problematisch ist ebenfalls die relative hohe Rechenzeit des Modells bedingt durch die aufwändige Generierung binomialverteilter Zufallszahlen sowie seine schwere Erweiterbarkeit auf Systeme mit mehreren Skalaren. Eine Studie zur Leistungsfähigkeit eines solchen Mischungsmodells im Vergleich zu anderen Mischungsmodellen findet sich unter anderem in [112].

- **EMST Modell**

  Ein Modell welches zusätzlich noch die Lokalitätsbedingung im Zustandsraum erfüllt ist das von Subramanian und Pope [145] vorgestellte EMST Modell. Es basiert auf der mathematischen Konstruktion von „Euclidian minium spanning trees" im Zustandsraum. Durch einen EMST ist die unmittelbare Umgebung eines Partikels im Zustandsraum bestimmt. Die Mischung eines Partikels findet dann längs einer durch den lokalen EMST des Partikels festgelegten Weges statt.

- **PSP Modell**

  Das von Meyer und Jenny [100] vorgestellte PSP Modell arbeitet mit parametrisierten Skalarprofilen (PSP). Die grundlegende Idee hinter diesem Modell ist die Parametrisierung eines eindimensionalen Skalarprofils. Die Mischung zweier Partikel erfolgt dann längs eines so konstruierten Skalarprofils. Weitere Details und eine genauere Beschreibung findet sich in der angegebenen Literaturstelle.

Turbulente Druckfluktuatonen und viskose Scherkräfte

Der hier zu modellierende Term

$$\frac{\partial}{\partial V_j}\left[\left\langle -\frac{\partial \tau_{ij}}{\partial x_i} + \frac{\partial p^{'}}{\partial x_i}\right\rangle f_{U\phi}(V,\phi;x,t)\right] \tag{3.94}$$

aus der PDF Transportgleichung beschreibt die Auswirkung turbulenter Druckfluktuationen und viskoser Scherkräfte auf die PDF. Aus Experimenten an gittererzeugter Turbulenz ist bekannt, dass durch diesen Term der Abbau von Geschwindigkeitsfluktuationen [30, 31], eine Reduzierung der Anisotropie der Turbulenz [28] und die Formänderung der PDF im Geschwindigkeitsraum zu einer Gaussfunktion [149] beschrieben werden muss.
Als Modellierungsansätze werden im folgenden dargestellt: das stochatische Mischungs- und Reorientierungsmodell, das in dieser Arbeit verwendetete vereinfachte Langevin Modell sowie die Erweiterung des vereinfachten zum verallgemeinerten Langevin Modell.

Stochastisches Mischungs- und Reorientierungsmodell

Ein partikelbasierender Modellierungsansatz, der die beiden obenstehenden Effekte: Dissipation der turbulenten kinetischen Energie und Abbau der Anisotropie der Reynoldsspannungen beschreibt, besteht aus einer Kombination eines stochastischen Mischungsmodells mit einem stochastischen Reorientierungsmodell.
Die Dissipation der turbulenten kinetischen Energie wird durch die Gleichung

$$\frac{\mathrm{d}k}{\mathrm{d}t} = -\epsilon \tag{3.95}$$

beschrieben. Dabei wird angenommen, dass ϵ entweder aus einer modellierten Transportgleichung bekannt ist oder aus der turbulenten Zeitskala nach $\tau = \frac{k}{\epsilon}$ bestimmt werden kann. Bezogen auf eine normierte Zeitskala ($\mathrm{d}t^* = \frac{\mathrm{d}t}{\tau}$) bestimmt sich die zeitliche Änderung der turbulenten kinetischen Energie zu

$$\frac{\mathrm{d}k}{\mathrm{d}t^*} = -k \qquad . \tag{3.96}$$

Häufig wird für die zeitliche Änderung der Reynoldsspannung geschrieben [72, 85]

$$\frac{\mathrm{d}\left\langle u_j^{'} u_k^{'}\right\rangle}{\mathrm{d}t} = -\frac{2}{3}\epsilon\,\delta_{ij} + R_{jk} \tag{3.97}$$

wobei

$$R_{jk} = \frac{P_j k}{\rho} - \left[\epsilon_{jk} - \frac{2}{3}\epsilon\,\delta_{jk}\right] \qquad . \tag{3.98}$$

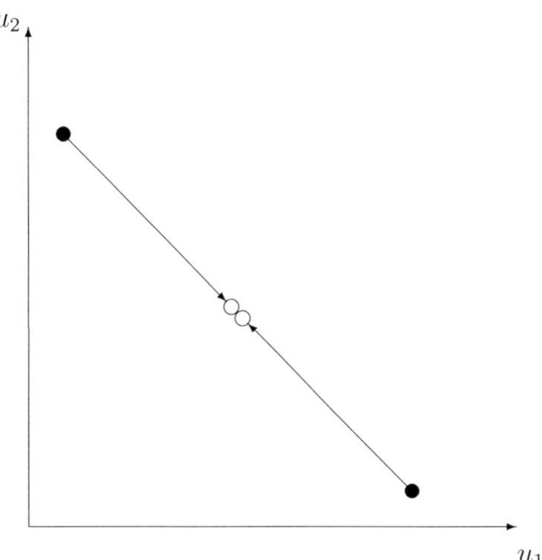

Abbildung 3.9: Effekt der Mischung zweier stochatischer Partikel im Geschwindigkeitsraum (hier vereinfacht nur die u_1, u_2 Ebene dargestellt)

Der isotrope Teil $(-\frac{2}{3}\,\epsilon\,\delta_{ij})$ der Gleichung sorgt für eine Abnahme der Normalspannungen ($\langle u_1' u_1' \rangle$, $\langle u_2' u_2' \rangle$ und $\langle u_3' u_3' \rangle$), wohingegen der anisotrope Teil R_{jk} dazu dient Energie zwischen den einzelnen Reynoldsspannungen umzuverteilen. Die Spur von R_{jk} ist Null. Die beobachtete Tendenz der Reynoldsspannungen isotrop zu werden, läßt sich somit durch diesen Term modellieren. Rotta [134] schlägt hierfür die Gleichung

$$R_{jk} = -C_2 \frac{\langle u_j' u_k' \rangle - \frac{2}{3}\,k\,\delta_{jk}}{\tau} \tag{3.99}$$

vor. Hierin ist C_2 eine empirische Modellkonstante. Ein gutes Modell für die turbulenten Druckfluktuationen und viskosen Scherkräfte muss somit sicherstellen, daß die PDF der Geschwindigkeit zu einer Gaussfunktion relaxiert, sich der Mittelwert der Verteilung nicht ändert und die zweiten Momente der Verteilung sich (in etwa) wie in Gleichung 3.99 verhalten. Dies kann durch eine Kombination des stochastischen Mischungsmodells und eines stochastischen Reorientierungsmodells erreicht werden.

Das stochastische Mischungsmodell funktioniert anlaog zum Mischungsmodell für die skalare Dissipationsrate. Mit der Wahrscheinlichkeit $\frac{\Delta t}{\tau_u} = \frac{\Delta t}{\tau} C_u N$ mischen zwei Partikel miteinander. Diese Partikelpaare werden zufällig (ohne zurücklegen) aus dem Partikelensemble ausgewählt. C_u ist ein Modellparameter. Wie Abbildung 3.9 veranschaulicht wird die Geschwindigkeit jeden Partikels durch den Mittelwert beider Partikel ersetzt.

$$\vec{U}^{*(Q)}(t + \Delta t) = \vec{U}^{*(P)}(t + \Delta t) = \frac{1}{2}\left(\vec{U}^{*(Q)}(t) + \vec{U}^{*(P)}(t)\right) \tag{3.100}$$

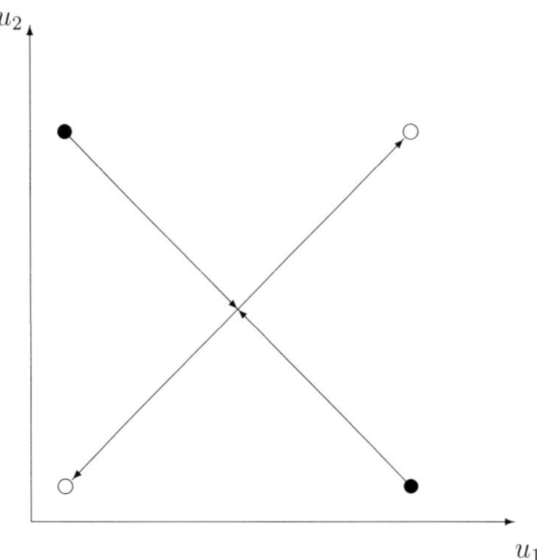

Abbildung 3.10: Effekt der Mischung und stochatischen Reorientierung zweier stochatischer Partikel im Geschwindigkeitsraum (hier vereinfacht nur die u_1, u_2 Ebene dargestellt)

Das stochastische Reorientierungsmodell unterscheidet sich vom stochastischen Mischungsmodell zunächst durch die Festlegung der Zeitskala. Sie erfolgt mit einer anderen Modellkonstanten C_2'.

$$\frac{\Delta t}{\tau_R} = \frac{\Delta t}{\tau} C_2' N \tag{3.101}$$

Zwei zufällig (ohne zurücklegen) ausgewählte Partikel mischen nach der Gleichung

$$\vec{U}^{*(Q)}(t + \Delta t) = \frac{1}{2}\left(\vec{U}^{*(Q)}(t) + \vec{U}^{*(P)}(t)\right) + \frac{1}{2}\vec{\xi}\,\Delta\vec{U}^{PQ}(t) \tag{3.102}$$

$$\vec{U}^{*(P)}(t + \Delta t) = \frac{1}{2}\left(\vec{U}^{*(Q)}(t) + \vec{U}^{*(P)}(t)\right) - \frac{1}{2}\vec{\xi}\,\Delta\vec{U}^{PQ}(t) \tag{3.103}$$

mit $\Delta\vec{U}^{PQ}(t) = \vec{U}^{*(P)}(t) - \vec{U}^{*(Q)}(t)$ als dem Geschwindigkeitsunterschied der beiden Partikel. $\vec{\xi}$ ist ein zufällig orientierterter Einheitsvektor. Dieser in Abbildung 3.10 veranschaulichte Prozess ändert weder den Mittelwert noch den Geschwindigkeitsunterschied zweier Partikel und beeinflusst somit weder den Impuls noch die turbulente kinetische Energie. In [124] wird dargestellt, dass dieses Modell den gleichen Effekt auf die Reynoldsspannungen wie das durch Gleichung 3.99 beschriebene Modell hat.

Vereinfachtes Langevin Modell

Ebenso kann der Einfluss von Druckfluktuationen und viskosen Scherkräften auf die PDF auch durch einen einen Langevin Ansatz [29, 71] der Form

$$\frac{\partial}{\partial V_j} \left[\left\langle -\frac{\partial \tau_{ij}}{\partial x_i} + \frac{\partial p'}{\partial x_i} | \vec{V}, \vec{\phi} \right\rangle f \right] = -G_{ij} \frac{\partial}{\partial V_j} \left[\left(V_j - \tilde{U}_j \right) f \right] + \frac{1}{2} B \frac{\partial^2 f}{\partial V_j \partial V_i} \qquad (3.104)$$

modelliert werden. Im Unterschied zum stochatischen Mischungs- und Reorientierungsmodell beruht dieser Modellansatz auf Partikelebene nicht auf der Interaktion von zwei zufällig ausgewählten Partikeln, sondern leitet eine Gleichung für die zeitliche Entwicklung der Geschwindigkeit eines Partikels ab. Die Bestimmung der Koeffizienten G_{ij} und B in Gleichung 3.104 erfolgt aus grundlegenden Hypothesen der Turbulenztheorie [101].

Auch durch ein Langevinmodell soll der Abbau der Geschwindigkeitfluktuationen, was gleichbedeutend mit dem Abklingen der Turbulenz und der Abnahme der Varianz der Geschwindigkeitsverteilung ist, richtig beschrieben werden können. Die turbulente kinetische Energie soll deshalb ebenfalls nach der Beziehung

$$\frac{\partial k}{\partial t} = -\epsilon \qquad (3.105)$$

abklingen. Unter Annahme isotroper Turbulenz läßt sich zeigen [124] das dies durch den Term

$$G_{ij} = -\left(\frac{1}{2} + \frac{3}{4} C_0 \right) \frac{\epsilon}{k} \delta_{ij} \qquad (3.106)$$

gewährleistet wird.

Der Koeffizient B wird so gewählt, dass die zeitliche Kovarianz zweier Fluidpartikel mit den Vorhersagen der Turbulenztheorie übereinstimmt [101]. Für die zeitliche Kovarianz zweier Fluidpartikel gilt demnach

$$\langle \Delta_{\delta t} U_i(t) \Delta_{\delta t} U_j(t) \rangle = C_0 \epsilon \, \delta t \, \delta_{ij} \qquad (3.107)$$

$$\Delta_{\delta t} \vec{U}(t) = \vec{U}(t + \delta t) - \vec{U}(t) \qquad (3.108)$$

wobei C_0 eine universelle Konstante mit dem Wert $2, 1$ ist und δt ein Zeitintervall darstellt, dass wesentlich größer als die Kolomogorovzeitskala τ_k und wesentlich kleiner als die turbulente Zeitskala τ_t ist. Die Kolomogorovzeitskala kann als Umdrehungszeit der kleinsten Wirbel einer turbulenten Strömung interpretiert werden und als turbulente Zeitskala soll das integrale turbulente Zeitmaß der Strömung herangezogen werden.

$$\tau_k \ll \delta t \ll \tau_t \qquad (3.109)$$

Einsetzten des Langevin Ansatzes in die PDF Transportgleichung liefert für die zeitliche Kovarianz die Beziehung

$$\langle \Delta_{\delta t} U_i(t) \Delta_{\delta t} U_j(t) \rangle - B \, \delta t \, \delta_{ij} \qquad (3.110)$$

Diese beiden Kovarianzen sind gleich, wenn gilt

$$B = C_0\, \epsilon \qquad (3.111)$$

Das Einsetzen der Koeffizienten G_{ij} und B in Gleichung 3.104 ergibt eine zeitliche Entwicklungsgleichung der Partikelgeschwindigkeit, die sich auf Partikelebene wie folgt formulierten lässt:

$$\frac{\mathrm{d}U_1^*}{\mathrm{d}t} = -\frac{\partial \langle p \rangle}{\partial x_1} - \left[\frac{1}{2} + \frac{3}{4}C_0\right][U_1^* - \langle U_1 \rangle]\frac{1}{\tau} + \sqrt{\frac{C_0 k}{\tau}}\,\mathrm{d}\xi \qquad . \qquad (3.112)$$

Die Gleichung ist hier für eine beliebige Komponente U_1^* des Geschwindigkeitsvektors in Richtung x_1 formuliert. Für die restlichen Komponenten existieren separate Gleichungen, die in analoger Weise formuliert werden können. C_0 ist eine oben bereits beschriebene Modellkonstante mit dem Wert $2,1$. Bei τ handelt es sich um ein turbulentes Zeitmaß, k ist die turbulente kinetische Energie und ξ eine auf dem Intervall $]0; 1[$ gleichverteilte Zufallsvariable.

Das vereinfachte Langevin Modell entspricht einem statistischen Zweigleichungsmodell für die gemittelten Navier-Stokes Gleichungen. Für den Term G_{ij} können auch komplexere Modelle eingesetzt werden, die dann Wandeffekte berücksichtigen [37] oder auf die Annahme isotroper Turbulenz verzichten [58]. Wird auf die Isotropieannahme verzichtet wird das Modell als verallgemeinertes Langevin Modell bezeichnet. Dieses Modell soll abschließend kurz dargestellt werden.

Verallgemeinertes Langevin Modell

Im Unterschied zum vereinfachten Langevin Modell (SLM) ist der Term G_{ij} beim verallgemeinerten Langevin Modell (GLM) kein Skalar sondern ein Tensor. Er ergibt sich als

$$G_{ij} = \frac{\alpha_1 \delta_{ij} + \alpha_2 \delta_{ij}}{\tau} + H_{ijkl}\frac{\partial \langle U_k \rangle}{\partial x_l} \qquad (3.113)$$

worin

$$\begin{aligned}
H_{ijkl} &= \beta_1 \delta_{ij}\delta_{kl} + \beta_2 \delta_{ij}\delta_{jl} + \beta_3 \delta_{il}\delta_{jk} \\
&+ \gamma_1 \delta_{ij}\delta_{kl} + \gamma_2 \delta_{ij}\delta_{jl} + \gamma_3 \delta_{il}\delta_{jk} \\
&+ \gamma_4 \delta_{ij}\delta_{kl} + \gamma_5 \delta_{ij}\delta_{jl} + \gamma_6 \delta_{il}\delta_{jk}
\end{aligned} \qquad (3.114)$$

die elf Koeffizienten α_m, β_m und γ_m müssen noch bestimmt werden. Die Herleitung und die wesentlichen Überlegungen hierzu finden sich in [124]. Ihre Zahlenwerte sind zusätzlich im Anhang B angegeben.

3.6.6 Zusammenfassung der Gleichungen auf Partikelebene

Zusammenfassend seien im folgenden nocheinmal die Gleichungen, die auf der Ebene der stochastischen Partikel im hier verwendeten Modell gelöst werden in kompakter Form dargestellt. Wie bereits erwähnt wird die Lösung der multidimensionalen PDF Transportgleichung ersetzt durch die Lösung einer Reihe von gewöhnlichen (stochatischen) Differentialgleichungen für die stochastischen Monte Carlo Partikel. Die Gleichungen lassen sich als Bewegungsgleichungen jeweils für den physikalischen Raum, den Geschwindigkeitsraum und den Zustandsraum interpretieren

- **Bewegung im physikalischen Raum**

  Die Bewegung der Partikel im physikalischen Raum wird durch die folgende Gleichung beschrieben.

  $$\mathrm{d}\vec{X}^* \;=\; \vec{U}^*(t)\,\mathrm{d}t \qquad , \qquad (3.115)$$

  wobei $\vec{X}^*$ der Ortsvektor des Partikels ist, $\vec{U}^*(t)$ die momentane Partikelgeschwindigkeit und t die Zeit darstellt.

- **Bewegung im Geschwindigkeitsraum**

  Zur Beschreibung der Bewegung eines Partikels in Geschwindigkeitsraum wird ein vereinfachtes Langevin Model (Simplified Langevin Model, SLM [124]) verwendet.

  $$\mathrm{d}U_j^* \;=\; -\frac{\partial \langle p \rangle}{\partial x_j}\,\mathrm{d}t - \left[\frac{1}{2} + \frac{3}{4}C_0\right]\left[U_j^* - \langle U_j \rangle\right]\frac{\mathrm{d}t}{\tau} + \sqrt{\frac{C_0 k}{\tau}}\,\mathrm{d}W_j \qquad (3.116)$$

  Die Gleichung ist hier allgemein für die Komponente U_j des Geschwindigkeitsvektors in Richtung des Vektors x_j formuliert. C_0 ist eine Modellkonstante, die in SLM den Wert $2,1$ hat. Bei τ handelt es sich um ein turbulentes Zeitmaß, k ist die turbulente kinetische Energie und W_j die j-Komponenten eines vektorwertigen Wienerinkrements.

- **Bewegung im Zustandsraum**

  Die Bewegung im Zustandsraum wird durch die Summe zwei Terme beschrieben: M und S.

  $$\frac{\mathrm{d}\vec{\phi}}{\mathrm{d}t} \;=\; M \;+\; S \qquad (3.117)$$

  Dabei ist M der Einfluss von molekularer Mischung. Dieser muss modelliert werden. Hierzu wird ein modifiziertes Curl-Modell verwendet [61]. Der chemische Quellterm S tritt in geschlossener Form auf und bedarf keiner weiteren Modellierung.

3.7 Beschreibung der Reaktionskinetik

Ein wesentlicher Vorteil der PDF Methode ist, wie bereits dargestellt, dass chemische Reaktionen als Einpunktprozesse auftauchen und somit eine exakte, geschlossene Beschreibung der Reaktionskinetik einschließlich des chemischen Quellterms möglich ist.
Grundsatzlich sind verschiedene Ansätze zur Beschreibung chemisch reaktiver Systeme denkbar. Es kann mit globalen auf Bruttoreaktionen basierenden Reaktionsmechanismen

gearbeitet werden, die chemische Kinetik kann durch detaillierte Reaktionsmechanismen, die auf Elementarreaktionen basieren dargestellt werden und zusätzlich können auch (automatisch) reduzierte reaktionskinetische Modelle eingesetzt werden.

Da Bruttoreaktionsmechanismen die komplexen thermokinetischen Zustände in turbulenten Flammen meist nur sehr unzureichend beschreiben [73] und die Verwendung von detaillierten Reaktionsmechanismen aufgrund der Vielzahl auftretender Spezies und Reaktion aus Rechenzeitgründen meist nicht praktikabel ist, werden in dieser Arbeit automatisch reduzierte Reaktionsmechanismen eingesetzt. Für die simulierten Methan/Luft Flammen liegt dabei ein detaillierter Reaktionsmechanismus mit 34 Spezies und 288 Elementarreaktionen zu Grunde [27]. Als Reduktionsverfahren wird die von Bykov und Maas [24,25] vorgestellte REDIM (Reaction-Diffusion Manifold) Methode eingesetzt. Die Dynamik des thermochemischen Reaktionssystems läßt sich hierbei mit sehr guter Genauigkeit mit einigen wenigen Parametern darstellen. Im vorliegenden Fall wurden zwei Parameter verwendet: der Mischungsbruch und die spezifische Molzahl von CO_2.

In folgenden sollen zunächts einige Bemerkungen zu globalen Bruttoreaktionsmechanismen gemacht werden, im Anschluß werden kurz detaillierte Elementarreaktionsmechanismen dargestellt und abschließend einige Reduktionsmethoden für detaillierte Reaktionsmechanismen diskutiert und das in dieser Arbeit verwendete REDIM Verfahren näher erläutert.

3.7.1   Bruttoreaktionsmechanismen

Ein einfaches Beispiel für eine Bruttoreaktion, ist die Oxidation von Methan mit Sauerstoff nach der Gleichung

$$CH_4 + 2\,O_2 \longrightarrow CO_2 + 2\,H_2O$$

Diese Reaktion kann auf molekularer Ebene nicht ablaufen. Eine detaillierte Betrachtung zeigt, dass hierfür bei einem Stoß der drei Moleküle eine Vielzahl von Bindungen gebrochen und neu gebildet werden müssten. Die Wahrscheinlichkeit hierfür ist verschwindent gering. Tatsächlich werden eine ganze Reihe von Zwischenprodukten wie O, OH, CH und CO gebildet. Zusätzlich ist die mathematische Beschreibung des Reaktionsgesetzes einer solchen Reaktion meist sehr schwierig. Ihre Reaktionsordung ist in der Regel nicht ganzzahlig und kann zusätzlich eine Funktion der Zeit und der Reaktionsbedingungen sein [87,159]. Nichts desto trotz werden einfache Reaktionsmechanismen basierend auf Bruttoreaktion, auch globalen Reaktionsstufen genannt, formuliert. Ein Beispiel sei hier ein Reaktionsmechanismus, der die Verbrennung von Methan mit Luft durch vier globale Reaktionsschritte beschreibt [116,119].

$$
\begin{aligned}
CH_4 + 2\,H + H_2O &\longrightarrow CO + 4\,H_2 \\
CO + H_2O &\longrightarrow CO_2 + H_2 \\
H + H + M &\longrightarrow H_2 + M
\end{aligned}
$$

$$O_2 + 3\,H_2 \quad \longrightarrow \quad 2\,H + 2\,H_2O$$

Alles diese Reaktionen können ebenfalls nicht auf molekularer Ebene ablaufen. Allerdings kann hiermit schon die Entstehung zwischen Zwischenprodukten dargestellt werden, die auch je nach Reaktionsbedingungen als Endprodukte der Verbrennung übrig bleiben können.

3.7.2   Detaillierte Elementarreaktionsmechanismen

Als Elementarreaktion wird eine chemische Reaktion dann bezeichnet, wenn sie auf molekularer Ebene exakt so wie in der Reaktionsgleichung angegeben ablaufen kann [59]. Die Reaktion des Hydroxylradikals mit Wasserstoff unter der Bildung von Wasser und eines Wasserstoffatoms ist solch eine Elementarreaktion.

$$OH + H_2 \longrightarrow H_2O + H$$

Durch die Molekularbewegung im Gas kommt es zu Stößen zwischen den Hydroxylradikalen und den Wasserstoffmolekülen. Bei nichtreaktiven Stößen prallen die Moleküle aufeinander und wieder von einander ab ohne weitere Interaktion zwischen einander. Kommt es zu einem reaktiven Stoß, so prallen die Moleküle aufeinander, reagieren und die beiden Produkte Wasser und Wasserstoffatom entstehen.

Die Verwendung von Elementarreaktionen bringt eine Reihe von Vorteilen mit sich. So ist die Reaktionsordung einer Elementarreaktion stehts konstant (insbesondere hängt sie nicht von der Zeit oder den experimentellen Bedingungen ab) und läßt sich sehr einfach bestimmen. Es genügt hierfür die Molekularität der Reaktion zu kennen. Die Molekularität ist die Anzahl der Spezies, die die Reaktionsprodukte bilden. Hierfür sind eigendlich nur drei Fälle denkbar. Elementarreaktionen mit einer höheren Reaktionsordnung können nur mit einer so geringen Wahrscheinlichkeit auftreten, dass sie eigentlich ohne Belang sind.

(i) *Unimolekulare Reaktionen* beschreiben die Umlagerung oder Dissoziation eines Moleküls.

$$A \longrightarrow \text{Produkte}$$

Unimolekulare Reaktionen haben ein Zeitgesetz erster Ordnung, dass heißt verdoppelt sich die Anfangskonzentration dann verdoppelt sich ebenfalls die Reaktionsrate.

(ii) *Bimolekulare Reaktionen* sind die am häufigsten vorkommenden Reaktionen. Sie laufen nach der Reaktionsgleichung

$$A + B \longrightarrow \text{Produkte}$$

ab und haben immer ein Zeitgesetz zweiter Ordnung, was bedeutet daß eine Verdopplung der Anfangskonzentration jedes Reaktionspartners zu einer Vervierfachung der Reaktionsrate führt.

(iii) *Trimolekulare Reaktionen* folgen einem Zeitgesetz dritter Ordnung. Gewöhnlich handelt es sich bei ihnen um Rekombinationsreaktionen.

$$A + B + C \longrightarrow Produkte$$

Allgemein ist die Molekularität einer Elementarreaktion gleich ihrer Reaktionsordnung. Folglich lassen sich die Zeitgesetzte der Reaktionen leicht ableiten. Wenn die Reaktionsgleichung einer Elementarreaktion r durch die Gleichung

$$\sum_{s=1}^{S} \nu_{rs}^{(E)} A_s \xrightarrow{k_r} \sum_{s=1}^{S} \nu_{rs}^{(P)} A_s \tag{3.118}$$

gegeben ist, dann kann das Zeitgesetz für die Bildung der Spezies i in Reaktion r durch den Ausdruck

$$\left(\frac{\partial c_i}{\partial t} \right)_{chem,r} = k_r \left(\nu_{ri}^{(P)} - \nu_{ri}^{(E)} \right) \prod_{s=1}^{S} c_s^{\nu_{rs}^{(E)}} \tag{3.119}$$

dargestellt werden. Dabei sind $\nu_{rs}^{(E)}$ und $\nu_{rs}^{(P)}$ die stöchiometrischen Koeffizienten der Edukte und Produkte und c_s bezeichnet die Konzentration der S verschiedene Spezies s.

Charakteristisch für chemische Reaktionen ist, dass ihre Geschwindigkeitskoeffizienten stark nichtlinear von der Temperatur abhängen. Nach Arrhenius [3] kann diese Abhängigkeit mit einer relativ einfachen exponnential Beziehung ausgedrückt werden.

$$k = A' \cdot \exp\left(-\frac{E_a'}{RT} \right) \tag{3.120}$$

Neuere Arbeiten zeigen eine Temperaturabhänigkeit des präexponnentiellen Faktors A' weshalb das Arrheniusgesetz häufig in modifizierter Form verwendet wird.

$$k = A\,T^b \cdot \exp\left(-\frac{E_a}{RT} \right) \tag{3.121}$$

Hierin ist jeweils E_a die Aktivierungsenergie der Reaktion, T die Temperatur und R die universelle Gaskonstante. Die Aktivierungsenergie korrespondiert mit der beim Start der Reaktion zu überwindenden Energiebariere. Ihr Zahlenwert hängt von der Bindungsenergie der beteiligten Moleküle ab und kann je nach dem wieviele und welche Art von Bindungen bei der Reaktion aufgebrochen und neu gebildet werden müssen deutlich unterschiedliche Größen annehmen.

Zusätzlich zur Temperatur hängt die Reaktionsgeschwindigkeit noch vom Druck ab. Dies ist leicht einsichtig es bei bei höherem Druck zu mehr Stößen pro Zeiteinheit der Moleküle untereinander kommt. Die Berücksichtigung dieses Effekts auf die Reaktionsgeschwindigkeit soll hier nicht näher beschrieben werden. Der Einfluss des Drucks auf die Reaktionsgeschwindigkeit ist aber deutlich schwächer als die Temperaturabhängigkeit [5, 79].

3.7.3 Reduzierte reaktionskinetische Modelle

Ein aus Elementarreaktionen bestehender detaillierter Reaktionsmechanismus kann insbesondere für höhere Kohlenwasserstoffe schnell aus ein paar Hundert bis Tausend verschiedener Spezies bestehen. Der Einsatz solcher Mechanismen bei der Simulation einer turbulenten Flamme würde zu exorbitant hohen Rechenzeiten und Speicherplatzanforderungen führen, die selbst mit modernen Supercomputern zur Zeit nicht bewältigt werden können. Deshalb sind effiziente Reduktionsmethoden für detaillierte chemische Reaktionsmechanismen von Interesse, die bei hoher Genauigkeit bereits eine Beschreibung des Reaktionssystems mit wenigen Parametern erlauben [125].

In der Literatur finden sich eine Reihe von Ansätzen zur Reduktion detaillierter chemischer Kinetiken. Ohne Anspruch auf Vollständigkeit sollen hier einige bekannte Verfahren genannt und grob nach verschiedenen Modellierungsansätzen gruppiert werden. Angeführt seien hier Methoden, die

- auf einer von Hand durchgeführten detaillierten Analyse des chemischen Reaktionsmechanismus beruhen, wie das chemical lumping [2, 115],

- auf einer detaillierten Simulation des vollständigen Zustandsraumes beruhen und eine (problemangepasste) möglichest optimale Parameterisierung des Systems mit wenigen Freiheitsgraden ansteben. Als Beispiel sei die FGM (Flamelet generated Manifold) Methode [110, 111, 117] genannt,

- auf einer effizienten Tabellierungs- und Lookupstrategie für den detailierten berechneten chemischen Quellterm beruhen und damit die notwendige Simulationszeit deutlich reduzieren können, als Vertreter diese Gruppe kann das ISAT (In-situ adaptive tabulation) Verfahren [81, 128] angeführt werden

- und Methoden, die auf einer Zeitskalenanalyse des detaillierten chemischen Reaktionssystems basieren. Anzuführen ist hier die QSSA (Quasi-Stationarität) [118] Annahme, das CSP (Computational singular pertubation) Verfahren [54], MIM (Method of integral/invariant Manifolds) Methode [49], ILDM Konzept [89, 90] und die in dieser Arbeit verwendete REDIM Methode [22, 24].

Gewählt wurde letzteres Verfahren, da es eine sehr zuverlässige Beschreibung der Reaktionskinetik bereits mit sehr wenigen Parametern erlaubt und zusätzlich zu dem Einfluss von chemischen Prozessen noch den Einfluss von molekularem Transport auf den Zustandsraum berücksichtigt. Verwendet wurden lediglich zwei Parameter. Aber damit lassen sich sowohl Majoritäten als auch Minoritätenspezies mit hoher Genauigkeit vorhersagen. Ebenso gleicht sie einige Defizite des in vorherigen Arbeiten [9, 104, 162] gemeinsam im Kontext eines hybriden CFD/transported PDF Modells verwendeten ILDM Verfahrens aus.

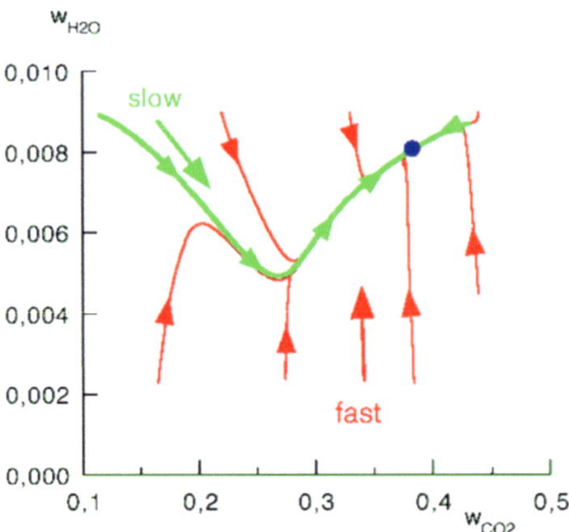

Abbildung 3.11: Dynamik einer chemischen Reaktion im projezierten Zustandsraum

Das ILDM Verfahren liefert eine gute Approximation der Dynamik des detaillierten Systems für homogene Systeme. In diesem Grenzfall relaxieren die schnellen chemischen Prozesse auf eine niedrigdimensionale Mannigfaltigkeit, die die Dynamik des langsamen Teils des Systems beinhaltet und seine Wechselwirkung mit Konvektion und Diffusion. Dieser Sachverhalt ist in Abbildung 3.11 dargestellt. Sie zeigt eine Darstellung der Dynamik eines reaktiven Systems in einer Projektion auf einen zweidimensionalen Zustandsraum, beschrieben durch den Massenbruch von CO_2 und H_2O. Ausgehend von einem beliebigen, durch die Anfangspunkte der roten Pfeile dargestellenten, Punkt bewegt sich das System durch die schnellen Prozesse auf die grün dargestellte niedrigdimensionale Mannigfaltigkeit. Von dort ausgehend bringt die Dynamik der langsamen Prozesse das System in das chemische Gleichgewicht (blauer Punkt). Jedoch gibt es Probleme mit der Existenz der ILDM und ihrer attraktiven Eigenschaften in der gesamten für die Anwendung in einer realen turbulenten Flamme interessierenden Domäne des Zustandsraums. Hierfür gibt es verschiedene Gründe. So wird zum einen im Niedertemperaturbereich der chemische Quellterm vernachlässigbar klein und zu anderen gibt es einen Übergangsbereich intermediärer Zeitskalen in welchem chemische und physikalische Zeitskalen überlappen und das System weg von der niedrigdimensionalen Mannigfaligkeit gestört wird. Anderes ausgedrückt kann eine Mannigfaltigkeit, die nur durch Betrachtung des Reaktionsterms abgeleitet wird, selbst wenn sie überall definiert sein sollte, die Interaktion zwischen Transport- und Reaktionsprozessen in allgemeiner Art und Weise nur unzureichend beschreiben. Teilweise lassen sich wie von Bykov und Maas dargestellt [23, 25] diese Probleme durch eine geschickte Erweiterung der ILDM in den restlichen Zustandsraum beheben. Hierbei wird der interessierende Zustandsraum in drei Bereiche aufgeteilt. Im ersten Bereich ist die chemische Kinetik bestimmend für das Verhalten des Systems, im zweiten Bereich sind Reaktion, Konvektion und Diffusion stark miteinander gekoppelt und im dritten Bereich (unendlich) langsamer Chemie wird das System ausschließlich durch Konvektions- und Diffusionsprozesse bestimmt. Alle drei Bereiche werden durch verschiedene niedrigdimensionale Mannigfaltigkeiten beschrieben. Das wesentliche Manko dieser Betrachtungsweise ist, dass angenommen wird, dass die mittlere Domäne asymtotisch in die Grenze zwischen erster und dritte Domäne schrumpft. Was nur im Falle einer starken nichtlinearen Abhänigkeit des Quellterms von den Systemparametern gegeben ist. Diese Einschränkung entfällt durch den in folgenden beschriebenen REDIM („Reaction-Diffusion Manifold") Ansatz.

Die dem REDIM Formalismus zu Grunde liegende Idee, ist das Konzept der invarianten Mannigfaltigkeiten im Lösungsraum einer allgemein formulierten Konvektions-Reaktions-Diffusionsgleichung. In symbolischer Vektorschreibweise ist das typische System partieller Differentialgleichungen (PDEs) zur Beschreibung einer reaktiven Strömung durch folgende Gleichung gegeben

$$\frac{\partial \Psi}{\partial t} = F(\Psi) - v \cdot \mathrm{grad}\ \Psi - \frac{1}{\rho}\mathrm{div}\ (D \cdot \mathrm{grad}\ \Psi) \equiv \Phi(\Psi) \qquad (3.122)$$

worin v das Geschwindigkeitsfeld, ρ die Dichte und D die $(n \times n)$-dimensionale Matrix der Transportkoeffizienten [48] darstellt. Der Zustandsvektor Ψ ist der $(n = n_s+2)$-dimensionale Vektor $\Psi = (h, p, \frac{w_1}{M_1}, \cdots, \frac{w_s}{M_s})$ mit der Enthalpie h, dem Druck p, den n_s Speziesmassenbrüchen $w_1, \cdots, w_s$ und den molaren Massen $M_1, \cdots, M_s$. $F(\Psi)$ ist der n-dimensionale Vektor des thermochemischen Quellterms und t bezeichnet die Zeit. Jede andere Formulierung des Zustandsvektors wäre in diesem Zusammenhang ebenfalls anwendbar.

Angenommen die Lösung des Systems im Zustandsraum ist nahe oder Teil einer durch eine explizite Funktion $\Psi(\theta)$ bestimmte m_s-dimensionaler Mannigfaltigkeit. Diese Annahme ist valide, da typische Verbrennungssysteme von stark verschiedene Zeitskalen geprägt sind, was zu einer Zerlegung des Systems in langsame und schnelle Prozesse führt. Mathematisch wird diese Mannigfaltigkeit beschrieben als

$$M = \Psi\ :\ \Psi = \Psi(\theta), \Psi\ :\ \Re^{m_s} \to \Re^n \qquad . \qquad (3.123)$$

Hierbei ist θ eine m_s-dimensionale Vektorparametrisierung der Mannigfaltigkeit, der die lokalen Koordinaten auf ihr darstellt. M wird dann als invariante m_s-dimensionale Systemmannigfaltigkeit bezeichnet, wenn jeder Punkt $\Psi \in M$ des durch die rechte Seite von Gleichung 3.122 beschriebenen Vektorfeldes, Teil des Tangentialraumes $T_\Psi M$ von M ist. Somit muß für jeden Punkt der Mannigfaltigkeit folgende Bedingung gelten:

$$\left(\Psi_\theta^\perp(\theta)\right)^T \cdot \Phi(\Psi) \equiv 0 \qquad . \qquad (3.124)$$

dabei ist durch $\left(\Psi_\theta^\perp(\theta)\right)^T$ der Normalraum zur Mannigfaltigkeit beschrieben. Diese Bedingung fordert, daß das Vektorfeld $\Phi(\Psi)$ für Punkte auf der Mannigfaltigkeit senkrecht zu ihr steht. Bezüglich eines Abbildungsoperators auf den Normalraum $P_{(TM)^\perp} = I - \Psi_\Phi \Psi_\Phi^+$ von M wird diese Bedingung zu

$$\left(I - \Psi_\Phi \Psi_\Phi^+\right) \cdot \Phi(\Psi) = 0 \qquad . \tag{3.125}$$

Ψ_Φ^+ stellt die Moore-Penrose pseudoinverse Matrix von Ψ_Φ dar [50]. Berechnet wird sie für eine reguläre Matrix $\Psi_\Phi^+ \cdot \Psi_\Phi$ durch

$$\Psi_\Phi^+ = \left(\Psi_\Phi^+ \cdot \Psi_\Phi\right)^{-1} \cdot \Psi_\Phi^T \tag{3.126}$$

und existiert immer, wenn die Spalten einer Matrixdarstellung von Ψ_Φ linear unabhänig sind. Diese Bedingung kann durch eine geeignete Wahl der lokalen Koordinaten stets erfüllt werden. Von Bykov und Maas [24] wird eine Umformulierung von Gleichung 3.125 in ein System partieller Differentialgleichungen für $\Psi = \Psi(\Phi)$ zur Lösung der Gleichung vorgeschlagen,

$$\frac{\partial \Psi(\theta)}{\partial t} = \left(I - \Psi_\Phi \Psi_\Phi^+\right) \cdot \Phi\left(\Psi(\theta)\right) \tag{3.127}$$

so dass eine stationäre Lösungsmenge $\Psi(\theta, \infty)$ des obrigen partiellen Differentialgleichungssystems die gewünschte Mannigfaltigkeit ergibt. Hierzu wird das System (Gleichung 3.127) ausgehend von einer geratenen Startlösung solange integriert bis sich eine stationäre Lösung ergibt. Die Dynamik des Systems sich vollständig als eine Bewegung innerhalb der der aus diese Weise bestimmten Mannigfaltigkeit darstellen.

Durch Umschreiben des Diffusionsterms und mit der Annahme gleicher Diffusivität für alle Spezies ($D = d \cdot I$) kann das Gleichungssystem zur Bestimmung der Mannigfaltigkeit in vereinfachter Form geschrieben werden

$$\frac{\partial \Psi(\theta)}{\partial t} = \left(I - \Psi_\Phi(\theta)\Psi_\Phi^+(\theta)\right) \cdot \left(F(\Psi) - \frac{1}{\rho} d\, \Psi_{\theta\theta} \circ \operatorname{grad} \theta \circ \operatorname{grad} \theta\right) \qquad . \tag{3.128}$$

Die Gleichung verdeutlich unter welchen Umständen sich mit Reduktionsmethoden, die den Einfluß von Transportprozessen auf das reduzierten Modell vernachlässigen, sinnvolle Ergebnisse erzielen lassen. Dies ist der Fall in allen Bereich des Zustandsraums, in welchen der chemische Quellterm $F(\Psi)$ deutlich größer als der Transportterm $\frac{1}{\rho} d\, \Psi_{\theta\theta} \circ \operatorname{grad} \theta \circ \operatorname{grad} \theta$ und somit bestimmend für die Dynamik des Systems ist. Dort wird die Form und Dimension der durch die Lösungsmenge definierten Mannigfaltigkeit im wesentlichen durch $F(\Psi)$ bestimmt. Allerdings existieren prinzipiell immer auch Bereiche, in denen chemischer Quellterm und Transportterm in die gleiche Größenordnung fallen und somit der Transportterm wesentlich Form und Dimension der Mannigfaltigkeit mitbestimmt. Für solche Bereiche führt die zusätzliche Berücksichtigung des Transportterms zu einer deutlichen Verbesserung der Resultate [24].

Durch numerisches Lösen dieser Gleichung kann die REDIM Mannigfaltigkeit bestimmt werden. Sie ergibt sich, wie bereits erwähnt, als stationäre Lösung von Gleichung 3.128. Als

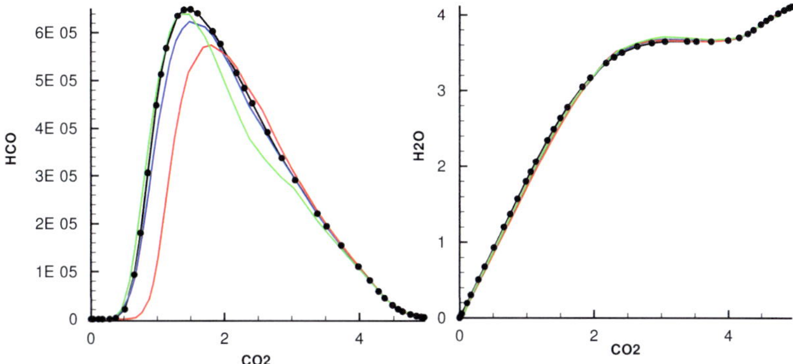

Abbildung 3.12: Simulation einer laminaren 1D Methan/Luft Flamme (schwarze Punkte: detaillierte Lösung, blau: Gradientenschätzung aus Flameletrechnung grün: Gerechnet mit im Vergleich zu blau um Faktor 10 größeren Gradienten, rot: Gerechnet mit im Vergleich zu blau um Faktor 10 kleineren Gradienten) [24]

Anfangsbedingung dient dabei die erweiterte ILDM [25] was zu einer schnellern Konvergenz und stabileren numerischen Lösung führt. Für das Lösungsschema wird als Parameter lediglich eine Abschätzung für die typischen räumlichen Gradienten von θ benötigt. Wie in [24] gezeigt wird, ist die die REDIM Methode wenig sensitv auf die tasächliche Wahl der Gradienten. Eine geeignete Grandientenabschätzung kann zum Beispiel aus einer Flameletrechnung oder aus DNS Rechnungen turbulenter Flammen gewonnen werden.

In wie weit die REDIM zur reduzierten Beschreibung der Dynamik eines reaktiven Systems eingesetzt werden kann, sollen die folgenden Resulate für eine eindimensionale laminare Mathan/Luft Flamme veranschaulichen. Verglichen werden in Abbildung 3.12 die Ergebnisse einer mit einen detaillierten Mechanismus durchgeführten Simulationsrechnung (schwarze Punkte) mit den mit einem durch die REDIM Methode reduzierten Mechanismus durchgeführten Simulationsrechnungen (farbige Linien). Die Ergebnisse zeigen jeweils einen Teil des Zustandsraums. Es ist zu kennen, daß sowohl für Majoritätenspezies wie hier dargestellt H_2O und CO_2 als auch für Minoritätenspezies wie das HCO Radikal sich sehr gute Übereinstimmungen mit den detaillierten Rechnungen ergeben. Insbesondere die gute Beschreibung der Radikale, die für die Dynamik von Verbrennungsprozessen sehr entscheidend sein können, ist ein wesentlicher Vorteil des REDIM Verfahrens. Zusätzlich erkennt man noch, daß die Methodik sehr insensitiv auf eine veränderte Abschätzung des Gradienten reagiert. Wie oben dargestellt ist diese Größe die a priori einzig notwendige Information über das betrachtete System. Die lediglich geringe Abhänigkeit von der Gradientenabschätzung unterstreicht die Robustheit und weite Einsatzmöglichkeit der verwendeten Methodik.

Aus den reduzierten Reaktionsmechanismen werden, zur Implementierung der Methodik in Simulationen für reaktive Strömungen vorintegrierte, Lookuptabellen erstellt. Details zu

Erstellung und Inhalt dieser Tabellen und ihrer Einbindung in das Gesamtverfahren finden sich in Abschnitt 4.4.

Kapitel 4

Darstellung des Gesamtmodells

Nach der Darstellung der einzelnen Modellteile in den vorherigen Abschnitten, stellt der folgende Abschnitt das entwickelte Gesamtmodell zusammenfassend dar. Eine schematische Darstellung zeigt zunächst auf wie die einzelnen Teile miteinander interagieren und welche Daten sie miteinander austauschen. Zusätzlich werden die zur Verbesserung der numerischen Stabilität und Beschleunigung der Konvergenz verwendeten Verfahren beschrieben. Hierbei kommt dem Vermindern des statistischen Rauschens des Monte Carlo Verfahrens eine wesentliche Bedeutung zu. Realisiert wird dies durch die geschickte Kombination von Zeitmittelungs- und Iterationsmittelungsmethoden. Ebenfalls muss die Konsistenz zwischen den Teilmodellen sichergestellt sein. Dies gilt insbesondere für doppelt auftauchende Größen wie die Geschwindigkeit oder die Dichte. Die Konsistenz wird durch spezielle Korrekturalogorithmen gewährleistet. Abschließend zeigt dieser Abschnitt wie die automatisch reduzierten chemischen Kinetiken effizient tabelliert werden können und somit eine geeignete Implementierung in das Gesamtmodell möglich ist.

4.1 Schematische Darstellung des Gesamtmodells

Das entwickelte Gesamtmodell besteht aus zwei Teilen: einem Finite-Volumen Löser für die Navier-Stokes Gleichungen, der mit einen Monte Carlo Löser für die Transportgleichung der gebundenen Wahrscheinlichkeitsdichtefunktion von Geschwindigkeit und Skalaren zur Modellierung der Turbulenz-Chemie Interaktion gekoppelt wird. Einer der Schwerpunkte der Modellentwicklung in dieser Arbeit war es eine geeignete Möglichkeit zu finden diese beiden Teile miteinander zu koppeln. Zur Beschreibung des Reaktionsfortschritts werden reduzierte chemische Kinetiken verwendet. Die detaillierten Reaktionsmechanismen werden hierzu mittels des bereits beschriebenen REDIM Verfahrens automatisch reduziert und erlauben eine sehr gute Beschreibung der Dynamik der in einer Flamme ablaufenden chemischen Reaktion bereits mit wenigen Parametern. Im vorliegenden Fall wird der Mischungsbruch und

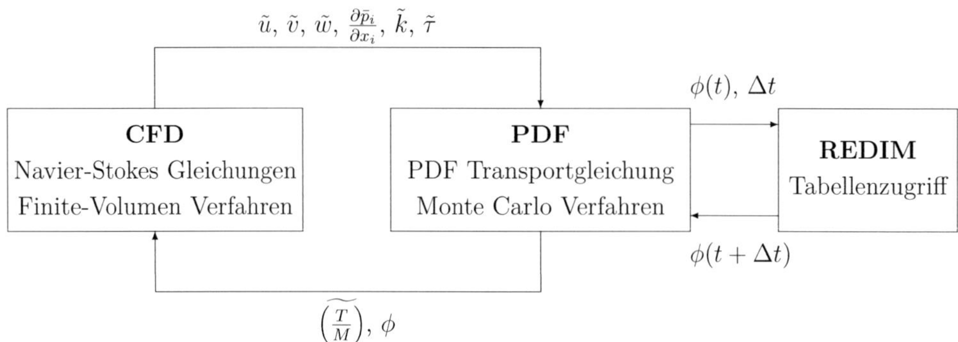

Abbildung 4.1: Schematische Darstellung des Gesamtmodells

die spezifische Molzahl von CO_2 als Reaktionsfortschrittsvariable verwendet. Der zeitlich Fortschritt der Reaktion wird durch Zugriff auf eine im Vorfeld erstellte Tabelle bestimmt. Abbildung 4.1 zeigt ein Schema des Gesamtmodells. Die Simulation beginnt mit einem CFD Teilschritt. Dabei erfolgt das Lösen der Navier-Stokes Gleichungen auf einem bockstrukturierten Gitter mittels eines Finite-Volumen Verfahrens. Als Zwischenergebnis werden der favregemittelte Geschwindigkeitsvektor, der mittlere Druckgradient und die turbulente kinetische Energie sowie das turbulente Zeitmaß für den aktuellen Zeitschritt an den PDF Teil übergeben. Dort erfolgt unter Verwendung dieser Größen die Lösung der PDF Transportgleichung mittels eines auf stochatischen Partikeln basierenden Monte Carlo Verfahrens. Der Fortschritt der chemischen Reaktion wird dabei durch einen Tabellenzugriff bestimmt. Die Tabellen sind im Vorfeld der eigentlichen Simulation erstellt worden und bereits vorintegriert, so dass der Reaktionsfortschritt ohne weitere Rechenoperationen direkt aus der Tabelle ausgelesen werden kann. Der Reaktionsfortschritt wird nur für die reduzierten Zustandsvariablen berechnet. Der vollständige Zustandsvektor für den neuen Zeitschritt kann ebenfalls unmittelbar aus der Tabelle ausgelesen werden. Zuruckgegeben an den CFD Teil wird der favregemittelte Quotienten aus Temperatur und molarer Masse gemeinsam mit dem vollständigen Zustandsvektor. Notwendig zur Kopplung des PDF Teils an den CFD Teil ist nur der Quotienten aus Temperatur und molarer Masse. Dieser wird im CFD Teil in die thermische Zustandsgleichung des idealen Gases eingesetzt und legt nach der Gleichung

$$\bar{p} \;=\; \bar{\rho} \cdot R \cdot \left(\widetilde{\frac{T}{M}} \right) \tag{4.1}$$

den Druck fest. Der CFD Löser bestimmt das Dichte- und Geschwindigkeitsfeld unter Berücksichtigung der Randbedingungen mit dieser neuen Temperatur so, dass die Impuls- und Massenerhaltung erfüllt sind. Das benötigte Favremittel für den Quotienten wird im PDF Teil bereits direkt berechnet. Kompressiblitätseffekte werden vernachlässig, da nur

Strömungen mit relativ kleiner Machzahl untersucht wurden. Deshalb kann auf das Lösen der Energieerhaltungsgleichung im CFD Teil verzichtet werden.

Das beschriebene iterative Verfahren wird für eine stationäre Simulation so lange wiederholt bis die globale Konvergenz erreicht wird und im instationären Fall so lange wiederholt bis die maximale Zahl an Zeitschritten erreicht ist.

4.2 Numerische Stabilität und Mittelung

Problematisch bei allen partikelbasierten Monte Carlo Verfahren zur Lösung von Differentialgleichungen ist das starke Rauschen der aus den einzelnen Partikeln bestimmten Ensemblemittelwerten. Bei dem in dieser Arbeit entwickelten hybriden Lösungsverfahren müssen Ensemblemittelwerte für alle Zellen des Rechengebiets aus den Eigenschaften der sich in der jeweiligen Zelle befindenden Partikel berechnet werden. Das dabei entstehende Rauschen kann kritisch für die Konvergenz des FV Lösers und somit für die globale Konvergenz des Gesamtverfahrens werden. Das Rauschen ist umso größer je weniger Partikel pro Gitterzelle zur Verfügung stehen. Der stochastische Fehler durch Rauschen nimmt proportional zum Kehrwert der Wurzel der Partikelanzahl pro Zelle ab (z.B. [63]). Die Rechenzeit steigt hingegen aber in etwa proportional zur Zahl der Partikel an. Es ergibt sich also hinsichtlich der Partikelanzahl ein Optimierungsproblem zwischen geringem stochastischen Fehler und kurzer Rechenzeit. Deshalb wird durch geeignete Mittelungsverfahren versucht den stochastischen Fehler zu minimieren und somit auch bei einer geringen Zahl von Partikel und damit kurzer Rechenzeit eine gute Konvergenz des Gesamtverfahrens zu erreichen.

Am weitesten gebräuchlich sind hierfür Zeitmittelungsverfahren über mehrere aufeinanderfolgende Iterationen (Zeitschritte) des Monte Carlo Lösers. Das im folgenden dargestellte Verfahren kam für die untersuchten statistisch stationären Flammen zum Einsatz.

Als Kopplungsgröße wird im in dieser Arbeit entwickelten Modell, wie bereits erwähnt, der favregemittelte Quotient $\left(\widetilde{\dfrac{T}{M}}\right)$ benutzt. Als Kurzschreibweise wird in den Formeln dieses Abschnitts dieser Quotient mit dem Buchstaben a abgekürzt. Für die folgenden Formeln, sei also

$$a = \left(\widetilde{\frac{T}{M}}\right) \quad . \tag{4.2}$$

In Abbildung 4.2 ist das gesamte Mittelungsverfahren schematisch dargestellt. Zunächst wird der FV Löser für eine feste Zahl an inneren Iterationsschritten gestartet. Diese Iterationen werden mit einen festen a, für welches eine geeignete Anfangslösung eingesetzt wird, durchgeführt. Typischerweise werden etwa 1000 Iterationen gemacht. Die Zahl der Iterationen muss groß genug gewählt werden, damit ein zum festen a Feld passendes (konvergiertes) Geschwindigkeits- und Dichtefeld durch den FV Löser errechnet werden kann. Mit diesen neue berechneten hydrodynamischen Feldern beginnt der PDF Löser zu rechnen. Er wird ebenfalls für eine feste Anzahl an Iterationen gestartet. Die Zahl der internen

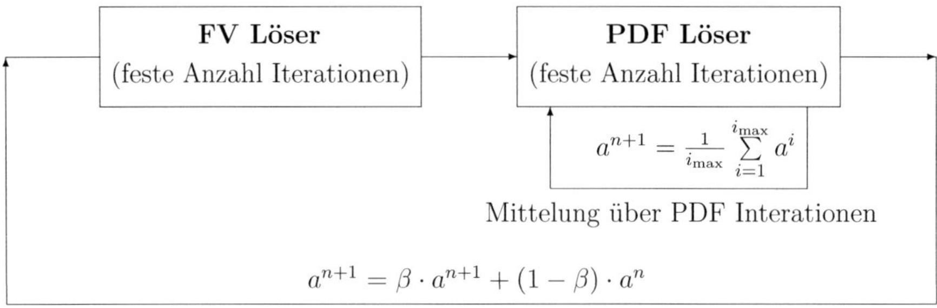

Abbildung 4.2: Schematische Darstellung des gekoppelten Lösungsverfahrens

Iterationen lag hier typischerweise bei etwa 100. Diese Zahl ist im Schema mit $i_{\max}$ bezeichnet. Die Größe a wird zur Reduzierung des oben beschriebenen stochastischen Rauschens des partikelbasierten Lösungsverfahrens über alle PDF Iterationen nach der Beziehung

$$a^{n+1} = \frac{1}{i_{\max}} \sum_{i=1}^{i_{\max}} a^i \tag{4.3}$$

gemittelt. Der neue Wert a^{n+1} kann sich durch den im PDF Teil berücksichtigten Einfluss von molekularer Mischung und chemischer Reaktion sehr stark von dem alten Wert a^n unterscheiden. Würde dieser Wert unmittelbar an den FV Löser zurückgegeben könnten dadurch starke numerisch verursachte Druckwellen entstehen, die zum Absturz des FV Lösers führen würden. Um dies zu vermeiden und einen möglichst glatten Verlauf von a zu erhalten, wird a zusätzlich noch mit einem gleitenden Durchschnitt über die einzelnen Aufrufe des PDF Lösers gemittelt. Der neue Wert a^{n+1} berechnet sich somit zu

$$a^{n+1} = \beta \cdot a^{n+1} + (1 - \beta) \cdot a^n \quad . \tag{4.4}$$

Bei β handelt es sich um eine Zahl in der Gößenordnung von etwa $0,1$.

Die so entstehnden äußeren Iterationen werden so lange wiederholt, bis die maximal vorgegebene Zahl an Iterationen (hier mit $n_{\max}$ bezeichnet) erreicht wurde. Diese Zahl muss hinreichend groß sein, damit der statistisch stationäre Zustand der Gesamtlösung erreicht werden kann.

Bei instationären Rechnungen können die beschriebenen Mittelungsverfahren nicht verwendet werden, da auf diese Weise keine zeitexakten Lösungen entstehen. Als Konsequenz der oben gemachten Erläuterungen müssen bei einer instationären Rechnung im Vergleich zu einer stationären Rechnung deutlich mehr Partikel pro Zelle verwendet werden um das stochastische Rauschen der Lösung gering zu halten und die Zeitschritte sehr klein gewählt werden um starke Sprünge der Kopplungsgröße a von einem zu nächsten Zeitschritt zu vermeiden.

4.3   Konsistenz und Korrekturalgorithmen

Wie die bisherigen Ausführungen nahe legen treten bei hybriden CFD/transported PDF Modellen in der Regel stets eine Reihe von Größen doppelt auf. Das heißt für eine Größe, zum Beispiel die Geschwindigkeit, wird sowohl im CFD Teil als auch im PDF Teil eine Gleichung gelöst. Muradoglu et al. [102] zeigen eine Übersicht über verschiedene hybride PDF Verfahren und bewerten sie hinsichtlich der Konsistenz der auftretenden Größen. Der dort dargelegten Argumentation folgend muss für das hier vorgestellte Modell die Konsistenz des Geschwindigkeitsfeldes, der turbulenten kinetischen Energie und des Dichtefeldes zwischen CFD und PDF Teil sichergestellt werden. Um dies zu erreichen werden die im folgenden dargestellten Korrekturalgorithmen eingesetzt.

4.3.1   Korrektur der Partikelgeschwindigkeit

Um Konsistenz zwischen den Lösungsfeldern des PDF Teils und des CFD Teils herzustellen, werden die Werte der einzelnen numerischen Partikel im PDF Teil so korrigiert, dass nach erreichen der statistisch stationären Lösung beide Lösungsfelder übereinstimmen. In den folgenden Gleichungen bezieht sich die hochgestellten Markierung („FV") stets auf die Felder des Finite Volumen Lösers, die Markierung („P") auf die Felder des Partikellösers.

Mittelwert der Geschwindigkeit

Der Mittelwert des Partikelensembles in einer Zelle des Rechengebiets wird so korrigiert, dass er stets der mittleren Geschwindigkeit der CFD Lösung entspricht. Das aus der Impulsgleichung durch ein Finite Volumen Verfahren bestimmte mittlere Geschwindigkeitsfeld wird nicht durch stochatisches Rauschen des Lösungsverfahrens beeinflusst. Deshalb wird die mittlere Geschwindigkeit des Partikelensembles auf diesen Wert korrigiert. Dabei wird die Verwendung von Favre-gemittelten Größen in der Finite Volumen Methode entsprechend berücksichtigt. Der erste Schritt hierbei ist die Bestimmung der Schwankungsgeschwindigkeit jedes einzelnen Partikels.

$$u_i^{'',\mathrm{alt}} = u_i - \frac{\langle \rho_i\, u_i \rangle}{\langle \rho_i \rangle} \tag{4.5}$$

Die neue (korrigierte) Partikelgeschwindigkeit berechnet sich aus

$$u_i^{\mathrm{korr}} = \tilde{u}_{FV} + u_i^{'',\mathrm{alt}} \cdot A \qquad . \tag{4.6}$$

Nach dieser Korrektur stimmen die Mittelwerte der Finite Volumen und der Partikellösung überein. Der Varianzkorrekturfaktor A wird so bestimmt, dass auch die Varianzen beider Teilmodelle gleich sind (siehe unten).

Varianz des Geschwindigkeitsfelds

Die im FV und PDF Teil verwendeten Submodelle, die die Varianz des Geschwindigkeitsfeldes abbilden, sind a priori inkonsistent. Eine Korrektur der Varianz des Geschwindigkeitsfelds ist somit notwendig. Die Inkonsistenz der beiden Modelle beruht auf den unterschiedlichen Annahmen für den Turbulenzschluss. Es läßt sich zeigen, dass das im PDF Teil verwendete SLM (Simplified Langevin Modell) auf der FV Ebene einem Turbulenzschluss zweiter Ordnung mittes des Rotta-Modells entsprechen würde [127]. Benutzt wird im FV Teil aber zum Turbulenzschluss lediglich ein Zweigleichungsmodell. Deshalb kann eine vollständige Konsistenz der Varianz des Geschwindigkeitsfeldes nicht hergestellt werden[1]. Aus diesem Grund kann die Varianz des Partikelfeldes nur so korrigiert werden, dass die turbulente kinetische Energie des Partikelfeldes und der Finite Volumen Lösung übereinstimmen. Unter Berücksichtigung der Verwendung favregemittelter Größen soll der Korrekturalgorithmus also dafür sorgen, dass die Bedingung

$$\tilde{k}_{\mathrm{P}} = \tilde{k}_{\mathrm{FV}} \tag{4.7}$$

für jede Zelle des Rechengebiets erfüllt ist. Unter der Annahme isotroper Turbulenz wird daraus die Bedingung

$$u_i^{'',\mathrm{alt}} = u_{FV}^{''} \qquad . \tag{4.8}$$

Vor der Korrektur werden die beiden Terme (die beiden Seiten der Gleichung) im allgemeinen Fall ungleich sein. Die Varianz des Partikelfeldes wird also mit einem noch zu bestimmenden Korrekturfaktor A multipliziert, so dass die Gleichung erfüllt ist.

$$u_i^{'',\mathrm{alt}} \cdot A = u_{FV}^{''} \tag{4.9}$$

Die Schwankungsgröße $u_{FV}^{''}$ kann nicht unmittelbar aus den Ergebnissen der Finite Volumen Rechnung bestimmt werden. Lediglich der Ausdruck

$$\overline{\rho u^{''2}}_{FV} = \frac{2}{3} \overline{\rho} \tilde{k}_{FV} \tag{4.10}$$

kann aus der dichtegemittelten turbulenten kinetischen Energie ebenfalls wieder unter der Annahme isotroper Turbulenz berechnet werden. Der zu $\overline{\rho u^{''2}}_{FV}$ analoge Term ist die dichtegemittelte Varianz des Partikelgeschwindigkeitsfelds. Sie kann durch die Gleichung

$$\left\langle \rho u^{''2} \right\rangle_P = \frac{\sum w_i \rho_i \left(u_i - \frac{\langle \rho u \rangle_P}{\langle \rho \rangle_P} \right)^2}{\sum w_i} \tag{4.11}$$

---

[1]Dieselbe Aussage gilt auch für die Reynoldsspannungen, auch hier kann keine vollständige Konsistenz hergestellt werden, da das Zweigleichungsmodell lediglich die turbulente kinetische Energie und das turbulente Zeitmaß, nicht aber direkt die einzelnen Reynoldsspannungen selbst, liefert.

bestimmt werden. Der Term w_i stellt dabei das numerische Gewicht eines Partikels dar. Bei gleichem numerischen Gewicht aller Partikel wird w_i für alle Partikel zu eins und der Term zur Berechnung der Varianz des Partikelgeschwindigkeitsfeldes vereinfacht sich zu

$$\left\langle \rho u''^2 \right\rangle_P = \sum \rho_i \left(u_i - \frac{\langle \rho u \rangle_P}{\langle \rho \rangle_P} \right)^2 \qquad . \tag{4.12}$$

Wird eine unverändert bleibenden Dichteverteilung in der jeweiligen Zelle des Rechengebiets angenommen, so kann aus den oben abgeleiteten Termen der Korrekturfaktor A durch die Beziehung

$$A = \frac{u''_{FV}}{u_i''^{,\text{alt}}} = \frac{\overline{\rho u''^2}_{FV}}{\left\langle \rho u''^2 \right\rangle_P} = \frac{\frac{2}{3} \overline{\rho} \, \tilde{k}_{FV}}{\left\langle \rho u''^2 \right\rangle_P} \tag{4.13}$$

bestimmt werden. Als korrigierte Varianz des Partikelfeldes ergibt sich somit

$$u_i''^{,\text{neu}} = u_i''^{,\text{alt}} \cdot A \qquad . \tag{4.14}$$

4.3.2 Korrektur der Partikelpostition

Eine Positionskorrektur für die Partikel wird durchgeführt um die Konsitenz zwischen der mittleren Dichte im CFD Teil $\overline{\rho}^{FV}$ und der aus dem Ensemble der stochatischen Partikel in dieser Zelle bestimmten mittleren Dichte $\langle \rho \rangle^P$ zu gewährleisten. Hierzu sind verschiedene Verfahren denkbar. Das in dieser Arbeit verwendete Verfahren wurde von Muradoglu et al. [103] vorgestellt. Es beruht im wesentlichen auf dem Einführen einer Korrekturgeschwindigkeit $\vec{U}^c(\vec{X}, t)$ für jedes Partikel, die zu einem Ausgleich des Dichteunterschieds führt. Die neue (korrigierte) Partikelgeschwindigkeit berechnet sich zu

$$\vec{U}^{P^*}(\vec{X}, t) = \vec{U}^P(\vec{X}, t) + \vec{U}^c(\vec{X}, t) \qquad . \tag{4.15}$$

Die Korrekturgeschwindigkeit $\vec{U}^c(\vec{X}, t)$ wird aus dem Unterschied der beiden Dichtefelder bestimmt. Die Größe des Unterschieds der beiden Dichten aus dem CFD Teil und dem PDF Teil wird durch eine gemittelte normierte Abweichung der beiden Dichten (für jede Zelle) angegeben. Diese Abweichung wird mit Q bezeichnet und bestimmt sich durch die Gleichung

$$Q \equiv \frac{\overline{\rho}^{FV} - \langle \rho \rangle^P}{\langle \rho \rangle^{TA}} \qquad . \tag{4.16}$$

Hierin sind $\overline{\rho}^{FV}$ und $\langle \rho \rangle^P$ jeweils die Dichte des CFD und des PDF Teils. Der Term $\langle \rho \rangle^{TA}$ im Nenner stellt den zeitlichen Mittelwert der Dichte der PDF Lösung dar und dient lediglich zur Normierung der Größe Q. Bei gleichem Dichtefeld beider Lösungen wird im statistisch stationären Zustand der Dichteunterschied Q zu Null. Die zu erfüllende Konsistenzbedingung ist also $Q = 0$.

Um dies zu erreichen wird, wie bereits oben erwähnt, eine Korrekturgeschwindigkeit $\vec{U}^c(\vec{X}, t)$ für jedes einzelne Partikel bestimmt, die zu einem Ausgleich des Dichteunterschieds führt. Die Korrekturgeschwindigkeit wird in dem von [103] vorgeschlagenen Verfahren aus der Gleichung

$$U_i^c = -\frac{\partial \phi}{\partial x_i} - aU_0 L \left[\zeta \frac{\partial \tilde{Q}}{\partial x_i} + (1 - \zeta) \frac{\partial Q}{\partial x_i} \right] \tag{4.17}$$

$$\zeta = \begin{cases} 1 & \text{falls } \frac{\overline{\rho}^{FV}}{\langle \rho \rangle^{TA}} \geq \epsilon_\zeta \\ 0 & \text{falls } \frac{\overline{\rho}^{FV}}{\langle \rho \rangle^{TA}} < \epsilon_\zeta \end{cases} \tag{4.18}$$

berechnet. Hierin sind U_0 und L eine charakteristische Geschwindigkeit und eine Längenskala, bei a handelt es sich um einen dimensionslose Parameter. Die hierfür verwendenden Werte finden sich alle in Tabelle 4.1. ϕ stellt ein Korrekturpotential dar, dessen zeitliche Entwicklung durch eine Differntialgleichung beschrieben wird.

$$\frac{\partial \phi}{\partial t} = bU_0^2 Q \tag{4.19}$$

In dieser Gleichung ist b ein dimensionsloser Parameter. Sein Wert findet sich ebenfalls in Tabelle 4.1. $\tilde{Q}(x,t)$ ist der in Ort und Zeit geglättete Dichteunterschied Q. Er wird ebenfalls durch Lösen einer Differentialgleichung bestimmt. Sie lautet

$$\frac{\partial \tilde{Q}}{\partial t} = - \left(\tilde{Q} - Q \right) c \frac{U_0}{L} + fU_0 L \frac{\partial^2 \tilde{Q}}{\partial x_i \partial x_i} \tag{4.20}$$

mit c und f als zusätzlichen dimensionslosen Parametern. Bei dieser Gleichung handelt es sich um einen Zeitmittelungsoperator mit einem zusätzlichen Diffusionsterm. Auf diese Art und Weise ist $\tilde{Q}$ das sowohl in der Zeit als auch im Ort geglättete Q. Beim Term ζ in Gleichung 4.17 handelt es sich um eine Umschaltfunktion, die $\tilde{Q}$ durch Q ersetzt, so dass der Algorithmus rasch reagieren kann sofern die mittlere Dichte des Finite Volumen Lösers kleiner ist als die mittlere Dichte des Partikelfeldes.

Erreicht ϕ einen stationären Zustand, so gilt für den zeitlichen Mittelwert von Gleichung 4.19

$$Q^{TA} = 0 \tag{4.21}$$

und somit auch

$$\overline{\rho}^{FV} = \langle \rho \rangle^{TA} \qquad . \tag{4.22}$$

Die Konsistenzbedingung wird folglich im zeitlichen Mittel exakt erfüllt sobald die statistische Stationarität erreicht wurde.

Wie bereits erwähnt finden sich in Tabelle 4.1 die in der Literatur verwendeten Werte für die einzelnen in dem Korrekturverfahren vorkommenden Parameter. Für die Parameter k_f, k_b, N_{TA}^c, $(CFL)_P$ und ϵ_ζ werden die in [103] vorgeschlagenen Werte 3, 8, 20, 0.4 und 0.25 verwendet. Δx ist eine charakteristische Gitterweite und $|U|_{\max}$ die maximale Geschwindigkeit in der Lösungsdomäne.

L	$\frac{\Delta x}{\pi}$
U_0	$|U|_{\max}$
c	$\frac{1}{\pi}\,\dfrac{1}{(CFL)_P\,N^c_{TA}}$
f	$k_f\,c$
b	$k_b\,f\; =\; k_b\,k_f\,c$
a	$\left(1+\frac{b}{c^2}\right)$

Tabelle 4.1: Parameter der Positionskorrektur der Partikel

4.4 Bestimmung des Reaktionsfortschritts

Die Bestimmung des Reaktionsfortschritts erfolgt durch Auslesen des chemischen Quell-
terms aus einer in einem preprocessing Schritt erstellten Tabellierung einer REDIM
(Reaktions-Diffusions Mannigfaltigkeit) für den jeweiligen Brennstoff. Der Ablauf bei der
Berechung der REDIM läßt sich grob in drei Schritte einteilen [24]:

- zunächst wird eine Anfangslösung zum Beispiel aus mehreren Flameletrechnungen
  oder alternativ aus einer „extended ILDM" [23] erzeugt,

$$\psi^0 = \psi^0\left(\theta\right) \tag{4.23}$$

- anschließend wird ausgehend von der Anfangslösung die Entwicklungsgleichung der
  Mannigfaltigkeit selbst gelöst

$$\frac{\partial \Psi(\theta)}{\partial t} = \left(I - \Psi_\Phi(\theta)\Psi_\Phi^+(\theta)\right) \cdot \left(F(\Psi) - \frac{1}{\rho}\,d\,\Psi_{\theta\theta} \circ \operatorname{grad}\theta \circ \operatorname{grad}\theta\right) \tag{4.24}$$

  dabei wird eine Gradientenabschätzung aus Flameletrechnungen verwendet,

- die REDIM ergibt sich dann als stationäre Lösung von Gleichung 4.24 zu

$$\psi^{\mathrm{REDIM}} \;=\; \psi^{\tau\to\infty}\left(\theta\right) \qquad . \tag{4.25}$$

Um die so generierten Mannigflatigkeit ψ^{REDIM} effektiv in dem in dieser Arbeit entwickelten Gesamtmodell einsetzen zu können, wird sie anschließend noch in geeigneter Weise
tabelliert. Die zur Berechnung und Tabellierung notwendigen oben genannten drei Schritte
untergliedern sich jeweils in verschiedene Einzelschritte. Die Einzelschritte sind in Abbildung 4.3 als schematische Übersicht dargestellt und werden im folgenden nocheinmal etwas
ausführlicher beschrieben.

Zunächst wird aus einer Reihe von eindimensionalen Flameletrechnungen für eine nicht-
vorgemischte laminare Gegenstromflamme eine geeignete Startlösung erzeugt. Hierbei wird
ein detaillierter Reaktionsmechanismus verwendet. Abbildung 4.4(a) zeigt exemplarisch die

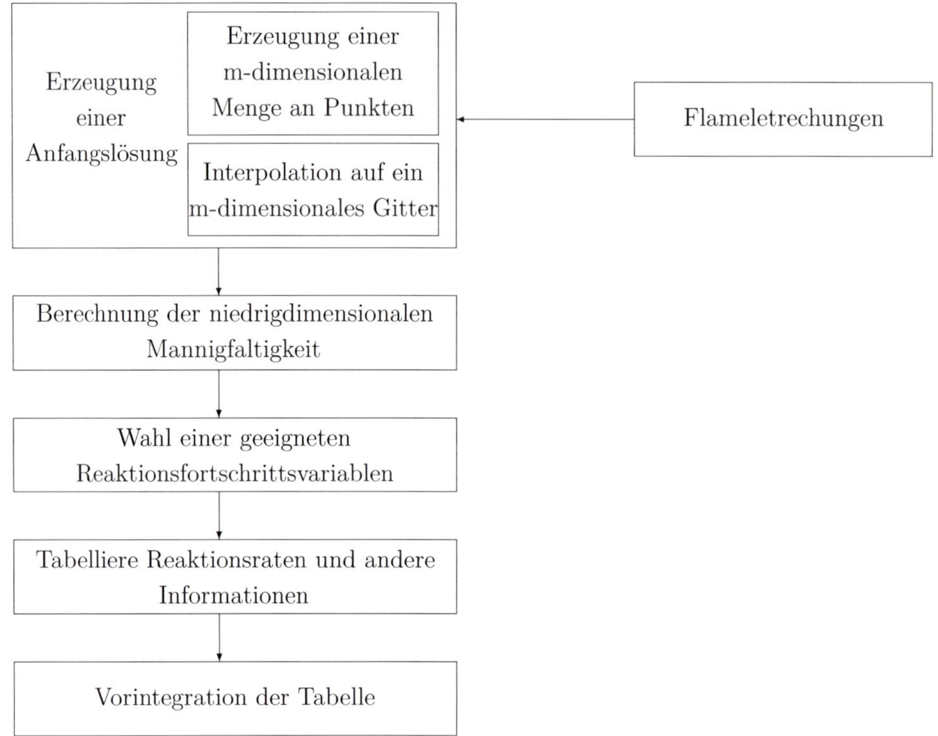

Abbildung 4.3: Tabellierungsstrategie (REDIM)

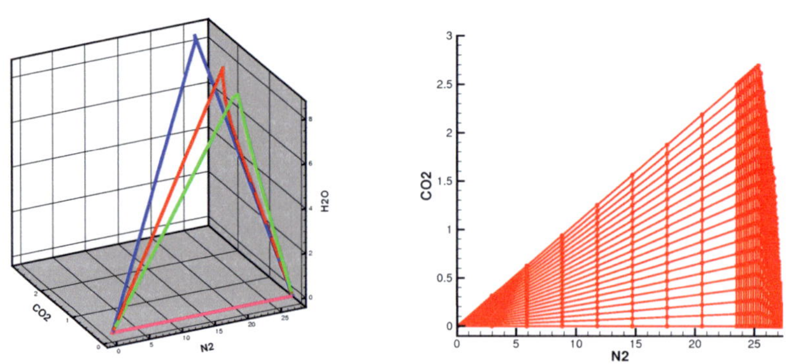

(a) Flameletlösung im projezierten Zustandsraum (blau: vollständige Reaktion, rot und grün:
zwei verschiedene Streckungsraten, magenta: nur
Mischung

(b) Interpolation auf Tensorproduktgitter abgelegt in generalisierten Koordinaten

Abbildung 4.4: Erzeugung einer geeigneten Anfangslösung für eine REDIM

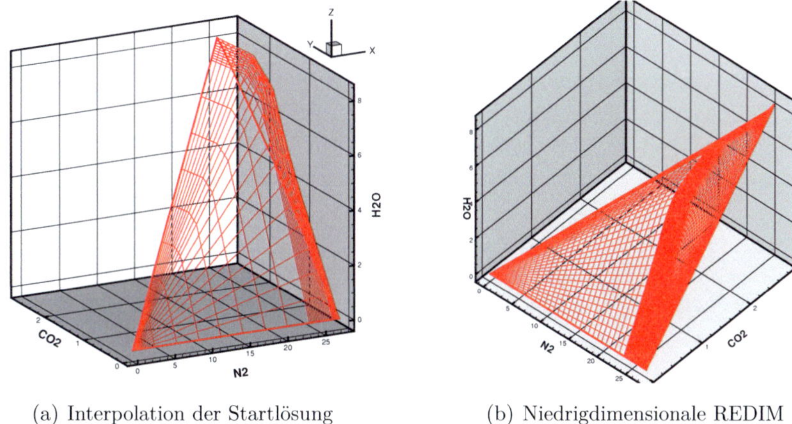

(a) Interpolation der Startlösung   (b) Niedrigdimensionale REDIM

Abbildung 4.5: Ergebnis der REDIM Iteration

Resultate dreier solcher Rechnungen für verschiedene Streckungsraten. Aufgetragen sind dort jeweils die spezifischen Molzahlen der Spezies CO_2, H_2O und N_2. Die Resultate werden anschließend auf einem Tensorproduktgitter abgelegt. Die Werte der Zwischenpunkte werden durch Interpolation bestimmt (Abb. 4.4(b)). An den Gitterpunkten wird der thermo-kinetische Zustandsvektor zusammen mit der Gradientenabschätzung in generalisierten Koordinaten abgelegt.

$$\psi = \psi(\theta) \tag{4.26}$$

$$\mathrm{grad}\,\theta(\theta) = \psi_\theta^+(\theta)\,\mathrm{grad}\,\psi(\theta) \tag{4.27}$$

Die generalisierten Koordinaten ermöglichen später einen sehr effizienten Zugriff auf die Tabelle. Als Koordinaten können zum Beispiel die Gitterindizes verwendet werden.

Die so bestimmte Mannigfaltigkeit bildet die Startlösung für die anschließenden REDIM Iterationen. Hierbei wird Gleichung 4.24 mittels eines geeigneten numerischen Verfahrens gelöst. Das numerische Verfahren muss große Systeme steifer Differentialgleichungen effektiv lösen können. Die niedrigdimensionale REDIM Mannigfaltigkeit ergibt sich als stationäre Lösung der Bestimmungsgleichung 4.24. Abbildung 4.5 stellt Startlösung und Endlösung der Mannigfaltigkeit dar.

Im Anschluss muss eine geeignete Reaktionsfortschrittsvariable zur Parametrisierung der REDIM ausgewählt werden. In vorliegenden Fall wird die spezifische Molzahl von CO_2 als Reaktionsfortschrittsvariable benutzt und die spezifische Molzahl von N_2 zur Beschreibung des lokalen Mischungszusandes verwendet. Um einen effizienten Zugriff auf die Tabellen zu ermöglichen und gleichzeitig den Speicherplatzbedarf der Tabellen gering zu halten, wird die REDIM mit einem problemangepassten Gitter diskretisiert. Abbildung 4.6(a) stellt einen Ausschitt des Tabellierungsgitters dar. 2-Var steht hierbei für die spezifische Molzahl von

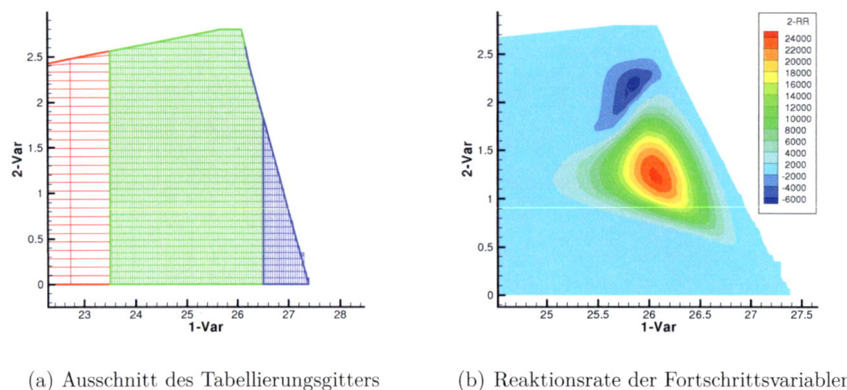

(a) Ausschnitt des Tabellierungsgitters   (b) Reaktionsrate der Fortschrittsvariablen

Abbildung 4.6: Tabellierung der chemischen Kinetik

CO_2 und 1-Var für die spezifische Molzahl von N_2. Wie zu erkennen ist, wird das Gitter im Bereich der Stöchiometrie, wo eine starke Dynamik der Reaktion zu erwarten ist, lokal verfeinert. Abgelegt auf den Gitterpunkten ist, wie Abbildung 4.6(b) veranschaulicht, die Reaktionsrate der Fortschrittsvariable zusammen mit dem hier nicht dargestellten vollständigen Zustandsvektor.

Zur einfacheren Implementierung und Verbesserung der numerischen Genauigkeit bei dem Zugriff auf den Reaktionsfortschritt wird die Tabelle der Reaktionsrate anschließend noch über die Zeit integiert. Abgelegt werden dann die (zeitlich) neuen Werte zu verschiedenen Zeitschritten (Zeitinkrementen). Abbildung 4.7 stellt eines dieser Zeitinkremente dar. Erkennbar ist unteranderem die unterschiedliche Geschwindigkeit der chemischen Reaktion

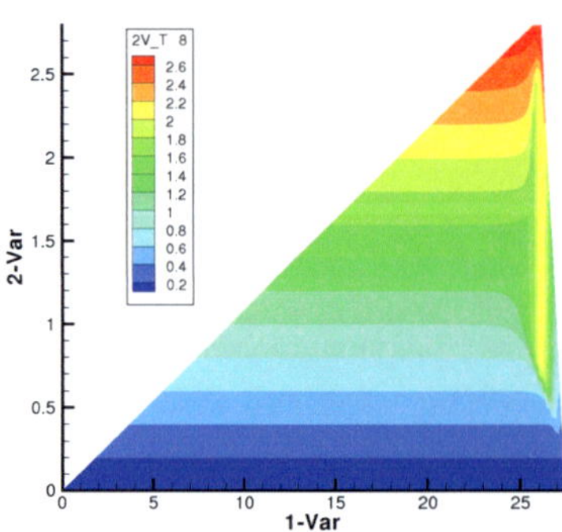

Abbildung 4.7: Werte der Reaktionsfortschrittsvariablen für einen definierten Zeitschritt (Zeitinkrement) von $128\,\mu$s

abhänig vom Mischungsverhältnis. Im Bereich stöchiometrischen Mischung zeigt sich die größte Dynamik der Reaktion.

Kapitel 5

Ergebnisse für eine stationäre nicht-vorgemischte Flamme

Das entwickelte Simulationsmodell soll anhand von zwei verschiedenen stationären Flammentypen validiert und anschließend zur Simulation instationärer Verbrennungsprozesse eingesetzt werden. Um die breite Anwendbarkeit des Modells zu zeigen, wurden als Testfälle sowohl eine vorgemischte als auch eine nicht-vorgemischte Flamme verwendet. In diesem Kapitel werden zunächst die Ergebnisse der nicht-vorgemischten Flamme vorgestellt, die Resultate für die vorgemischte Flamme finden sich in Kapitel 6 und die Simulationen der instationären Verbrennungsprozesse in Kapitel 7.

Als Testfall einer nicht-vorgemischten Flamme wurde eine durch Masri et al. [92–95] experimentell untersuchte Methan/Luft Flamme verwendet. Die Flamme wird durch einen Pilotbrenner stabilisiert ist statistisch stationär. Ausgewählt wurde dieser Testfall aus zwei Gründen: zum einen ist in der Literatur eine detaillierte Datenbasis zur Validierung zu finden und zum anderen zeigen numerische Untersuchungen anderer Arbeitsgruppen (z.B. [96]), dass sich dieser Fall gut als Testfall für hybride CFD/transported PDF Modelle eignet. Ein Vergleich mit diesen Arbeiten ermöglicht es zusätzlich die Güte des in dieser Arbeit verwendeten Simulationsmodells bewerten zu können.

5.1 Beschreibung des untersuchten Brenners

5.1.1 Geometrie des Brenners und globale Betriebszustände

Bei dem untersuchten Brenner handelt es sich um eine pilotstabilisierte nicht-vorgemischte Flamme. In Abbildung 5.1 ist eine Skizze des schematischen Aufbaus des Brenners dargestellt. Die Geometrie des Brenners ist axialsymmetrisch. Die Symmetrieline ist in der Abbildung mit einer Strichpunktlinie gekennzeichnet. Der Brenner besteht aus einer zentralen Brennstoffzufuhr mit einem Durchmesser vom $7,2\,mm$. Als Brennstoff wird Methan

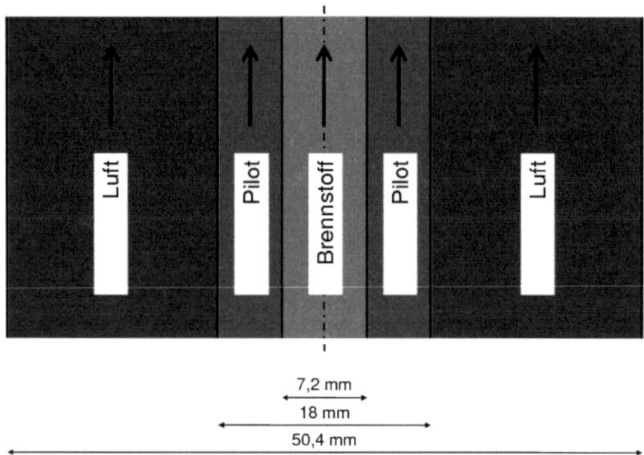

Abbildung 5.1: Schematischer Aufbau des untersuchten Brenners

verwendet. Außen um die Brennstoffzufuhr herum ist zentrisch ein Pilotbrenner angeordnet. Die Pilotflamme besteht aus einem nahezu vollständig abreagierten Ethin, Wasserstoff und Luft Gemisch. Das C zu H Verhältnis des Pilotbrenners entspricht dem eines stöchiometrischen Methan/Luft Gemischs. Zentrisch um den Pilotbrenner herum sitzt die Verbrennungsluftzufuhr.

Für den Brenner können verschiedene globale Betriebszustände durch Variation der Austrittsgeschwindigkeit des Brennstoffs bei gleichbleibender Austrittsgeschwindigkeit des Pilotbrenners und der Verbrennungsluft eingestellt werden. Die hierdurch entstehenden verschiedenen Betriebszustände werden als Flamme K, L und M bezeichnet. Die genauen Betriebsparameter lassen sich Tabelle 5.1 entnehmen.

	K-Flamme	L-Flamme	M-Flamme
Geschwindigkeit Brennstoffstrom (Bulk)	$27\,\frac{m}{s}$	$41\,\frac{m}{s}$	$55\,\frac{m}{s}$
Austrittsgeschwindigkeit Pilot	$24\,\frac{m}{s}$	$24\,\frac{m}{s}$	$24\,\frac{m}{s}$
Geschwindigkeit Luftstrom	$15\,\frac{m}{s}$	$15\,\frac{m}{s}$	$15\,\frac{m}{s}$

Tabelle 5.1: Globale Betriebsparameter der drei untersuchten Flammen

Mit steigender Austrittsgeschwindigkeit des Brennstoff steigt von Flamme K über L bis M die Turbulenzintensität an. Durch die erhöhte Turbulenz wird der Mischungsvorgang zwischen den drei Teilströmen intensiviert. Das Verhältnis der turbulenten Zeitskala und der chemischen Zeitskala beschrieben durch die Damköhlerzahl

$$\mathrm{Da} = \frac{\tau_t}{\tau_C} \tag{5.1}$$

wird kleiner.

Der Testfall erlaubt somit eine Aussage darüber ob das Simulationsmodell über einen weiteren Bereich verschiedener Reynoldszahlen (Turbulenzintensität) und Damköhlerzahlen anwendbar ist und zuverlässige Resultate liefert.

5.1.2 Gittergenerierung

Für die später dargestellten Simulationsergebnisse wurde ein zweidimensionales achsensymetrisches Rechengitter verwendet. Das Gitter besteht aus etwa 10000 Zellen. Abbildung 5.2 beinhaltet eine schematische Darstellung des Rechengitters und zeigt seine Lage in Re-

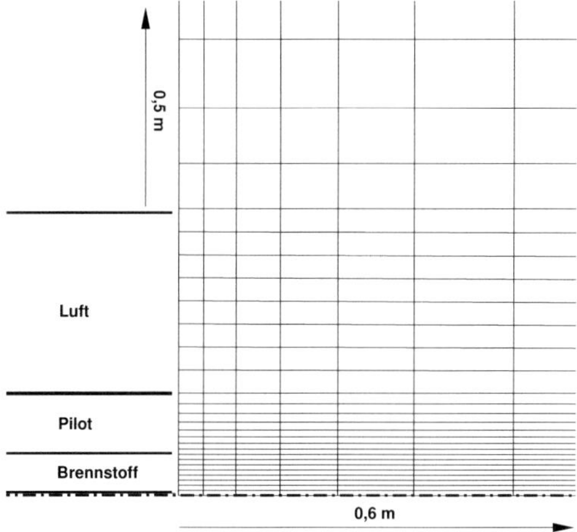

Abbildung 5.2: Schematische Darstellung des verwendeten Rechengitters

lation zum Brenner auf. Gezeichnet ist hier der Übersichtlichkeit halber nur jede vierte Gitterlinie. Um Randeffekte weitestgehend ausschließen zu können ersteckt sich das Gitter in x-Richtung über $0,6\,\mathrm{m}$ und in y-Richtung über $0,5\,\mathrm{m}$. Das Gitter wurde in Bereichen, in denen starke Gradienten zu erwarten sind lokal verfeinert.

5.1.3 Randbedingungen

Für das Rechengitter müssen an vier Seiten Randbedingungen spezifiziert werden. Am Einlass wird eine Dirichletrandbedingung bestehend aus radialen Profilen für die Geschwindigkeit, die Turbulenzgrößen und die Skalare verwendet. Abbildung 5.3 zeigt die verwendeten Profile für die Axialgeschwindigkeit und die turbulente kinetische Energie. Die Profile sind aus der Literatur [96] entnommen und stammen aus Messungen. Die Gradienten an den Übergangen des Brenngasstroms und des Piloten sowie des Piloten und des Luftstroms sind in analoger Weise zu den Siumlationen von [96] aus numerischen Gründen leicht abgeflacht

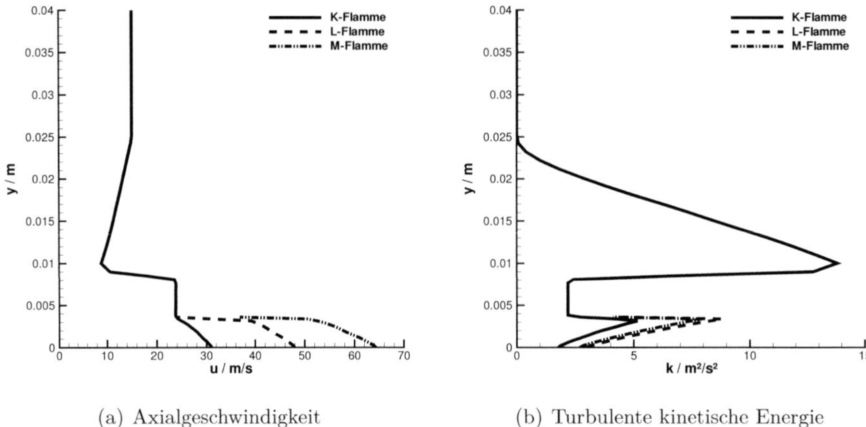

(a) Axialgeschwindigkeit   (b) Turbulente kinetische Energie

Abbildung 5.3: Randbedingungen für die einzelnen Flammentypen

worden. Die erwähnte Literaturstelle zeigt auf, dass dies keinen signifikanten Einfluss auf
die Güte des Simulationsergebnisses hat. Die Differenz des gemessenen und des tätsächlich
verwendeten Profils ist sehr gering. Bei der Geschwindigkeit beispielsweise macht der Unterschied nur wenige Prozent aus. Für den Verlauf des turbulenten Zeitmaßes τ sind leider
keine Messungen vorhanden. Hierfür wird auf eine in der Literatur von Nau [104] für dieselbe Flamme verwendet Abschätzung zurückgegriffen. Die Dissipationsrate der turbulenten
kinetischen Engergie kann danach durch

$$\epsilon = \frac{C_\mu^{\frac{3}{4}} \cdot k^{\frac{3}{2}}}{0,25 \cdot d_{\text{char}}} \qquad (5.2)$$

abgeschätzt werden und daraus kann dann nach der Formel

$$\tau = \frac{k}{\epsilon} \qquad (5.3)$$

das turbulente Zeitmaß errechnet werden. Hierin ist C_μ eine Modellkonstante mit dem Wert
$0,09$ (siehe Abschnitt 3.3.3), k die turbulente kinetische Energie und d_{char} ein charakteristischer Durchmesser. Als charateristischer Durchmesser d_{char} dient für den Brenngasstrom
sein Durchmesser, für den Piloten sein hydraulischer Durchmesser und für die Verbrennungsluft der Durchmesser der Auslassöffnung. Die Wahl der richtigen Randbedingung für
das turbulente Zeitmaß erwies sich in den Simulationen als kritisch. Wie die Ergebnisse in
den folgenden Abschnitten zeigen, wären hier weitere Informationen aus den experimentellen Untersuchungen nötig gewesen. Deshalb zeigen die Ergebisse den deutlichen Einfluss
dieser Größe auf die Resultate in Form einer Parameterstudie auf.

An der Ober- und Unterseite des Rechengebiets wird eine Symmetrierandbedingung gesetzt,
was bedeutet, dass der Gradient aller Größen zu Null gesetzt wird. Am Auslass wird lediglich

der statische Druck vorgegeben und für alle anderen Größen ebenfall ein Gradient von Null normal zur Austrittsfläche als Randbedingung vorgegeben.

5.1.4 Vorhandene Messdaten

Für die unterschiedlichen Flammen sind jeweils Messungen radialer Profile verschiedener Größen in drei zur Austrittsfläche des Brenners parallelen Ebenen vorhanden. Aus Platzgründen und der Übersichtlichkeit halber werden in den folgenden Abschnitten nur Ergebnisse in den Ebenen $x/d = 20$ und $x/d = 50$ gezeigt. Die ebenfalls vorhandenen Ergebnisse in der nicht dargestellten Ebene $x/d = 30$ verhalten sich qualitativ ähnlich. Mit d wird hier der Durchmesser der Brennstoffzufuhr bezeichnet, was auf einen Abstand zur Brenneraustrittsebene von $x = 0,144\,\text{m}$ für die erste Ebene und $x = 0,36\,\text{m}$ für die zweite dargestellte Messebene führt.

Aus der Literatur können Profile der Axialgeschwindigkeit, der turbulenten Schwankungsgeschwindigkeit in axialer Richtung sowie Temperaturprofile entnommen werden. Hierfür wird ein detaillierter Vergleich mit den Ergebnissen der numerischen Simulation gezeigt. Auf einen detaillierten Vergleich mit den ebenfalls vorhandenen Messungen für Mischungsbruch und die Konzentration von CO_2 wird aus Platzgründen verzichtet. Sie findet sich in [39, 80, 163].

5.2 Ergebnisse für die K-Flamme

Wie bereits beschrieben besteht bei den Randbedingungen eine gewisse Unsicherheit hinsichtlich der tatsächlichen Größe des turbulenten Zeitmaßes. Messungen sind hierfür keine vorhanden. Die verwendete Randbedingung stammt aus einer Abschätzung über den Verlauf des turbulenten Zeitmaßes am Eintritt des Rechengebiets (siehe Gleichung 5.2 und 5.3). Die Simulationsergebnisse zeigten für alle drei untersuchten Flammentypen eine deutliche Senitivität bezüglich der Größe des gewählten turbulenen Zeitmaßes. Besonders stark ist dieser Effekt bei den Temperaturverläufen und den Speziesprofilen zu beobachten, wohingegen der Einfluss auf die mittlere Geschwindigkeit und die turbulente kinetische Energie sehr gering ausgeprägt ist.

Um diesen Zusammenhang zu berücksichtigen und den Einfluss der absoluten Größe des turbulenten Zeitmaßes untersuchen zu können, sind die Validierungsrechnungen als Parameterstudie durchgeführt worden. Variiert wurde dabei der Wert der Konstanten C_ϕ, die das Verhältnis des im CFD Teil berechneten turbulenten Zeitmaßes und des chemischen Zeitmaßes darstellt.

$$\tau_\phi = \frac{1}{C_\phi}\,\tau_t \tag{5.4}$$

Die Konstante gehört eigentlich zum Mischungsmodell und wird in der Literatur meist mit einem Wert von 2, 1 angegeben. Aktuelle Untersuchungen an einem verwandten Flammentyp [143] kommen zu dem Schluss, daß es sich bei C_ϕ nicht um eine feste Modellkonstante handelt, sondern dass sie je nach betrachtetem Problem stark unterschiedliche Werte annehmen kann. Aus diesem Grund wurde für die im folgenden gezeigten Parameterstudien der Wert von C_ϕ variiert. Für die K-Flamme stellte sich bei einem Wert von 15 für C_ϕ die beste Übereinstimmung mit den gemessenen Werten ein. Dieser Wert ist in guter Übereinstimmung mit dem in [143] genannten Wert von 10 für die beste Reproduktion der experimentellen Daten.

Abbildung 5.4 stellt die Simualtionsergebnisse der K-Flamme dar. In der linken Spalte sind die Werte der ersten Messebene bei $x = 0,144\,\mathrm{m}$ und in der rechten Spalte die Werte der zweiten Messebene bei $x = 0,36\,\mathrm{m}$ dargestellt. Die erste Zeile zeigt den Verlauf der Axialgeschwindigkeit längs der y-Koordinate senkrecht zur Symmetrieachse des Brenners. In der ersten Ebene stimmen die Simulationsdaten und die gemessenen Profile nahezu vollständig überein. Lediglich in der zweiten weiter stromab liegenden Messebene ist nahe an der Symmetrieline eine geringe Abweichung festzustellen. Generell wird das mittlere Strömungsfeld durch die Simulation sehr gut wiedergegeben.

Der experimentelle Verlauf der Axialgeschwindigkeitsfluktuation kann unmittelbar aus den Messdaten [96] entnommen werden. Als Vergleichsgröße dient die turbulente Schwankungsgeschwindigkeit aus den Simulationsergebnissen. Sie wird aus der turbulenten kinetischen Energie unter der Annahme isotroper Turbulenz berechnet. In der ersten Messebene stimmen die beiden Verläufe noch sehr gut überein, in der zweiten Ebene zeigt sich bei $y/m < 0,02$ eine deutliche Abweichung. Der qualitative Verlauf wird jedoch richtig wiedergegeben. Allerdings sagen die Simulationsdaten eine um etwa 25% bis 30% zu hohe Geschwindigkeitsfluktuation vorraus.

Die Profile für u und u' sind jeweils für ein C_ϕ von 2,1 dargestellt. Der Einfluss einer Variation von C_ϕ auf diese beiden Größen ist sehr gering, weshalb die anderen Ergebnisse hier nicht dargestellt sind. Unter Einbeziehung der unten gezeigten Temperaturverläufe, die sich bei verschiedenen Werten für C_ϕ deutlich unterscheiden, ist dieser Befund zunächst überraschend. Zumindest für die Axialgeschwindigkeit würde man aufgrund der Kopplung über die Dichte an die Temperatur einen deutlichen Einfluss erwarten. Eine genaue Analyse der Simulationsergebnisse zeigt allerdings, dass das Axialgeschwindigkeitsfeld tatsächlich nahezu unverändert bleibt, sogar bei einer Rechnung für eine nichtreagierde Strömung zeigt sich ein zu den Messungen und reagierenden Simulationen nahezu identischer Verlauf. Allerdings unterscheiden sich die Radialgeschwindigkeiten sehr massiv. Die Profile der Radialgeschwindigkeit sind wegen fehlender Messdaten nicht dargestellt. Es zeigt sich aber, dass die bei Änderung der Temperatur offenkundige Änderung der axialen Impulsströme durch eine radiale Ausgleichsströmung kompensiert wird, so dass die Profile der Axialgeschwindigkeit nahezu unverändert bleiben. Dasselbe gilt auch bei den in den folgenden beiden Abschnitten dieses Kapitels dargestellten Simulationsregebnissen für die L- und M-Flamme.

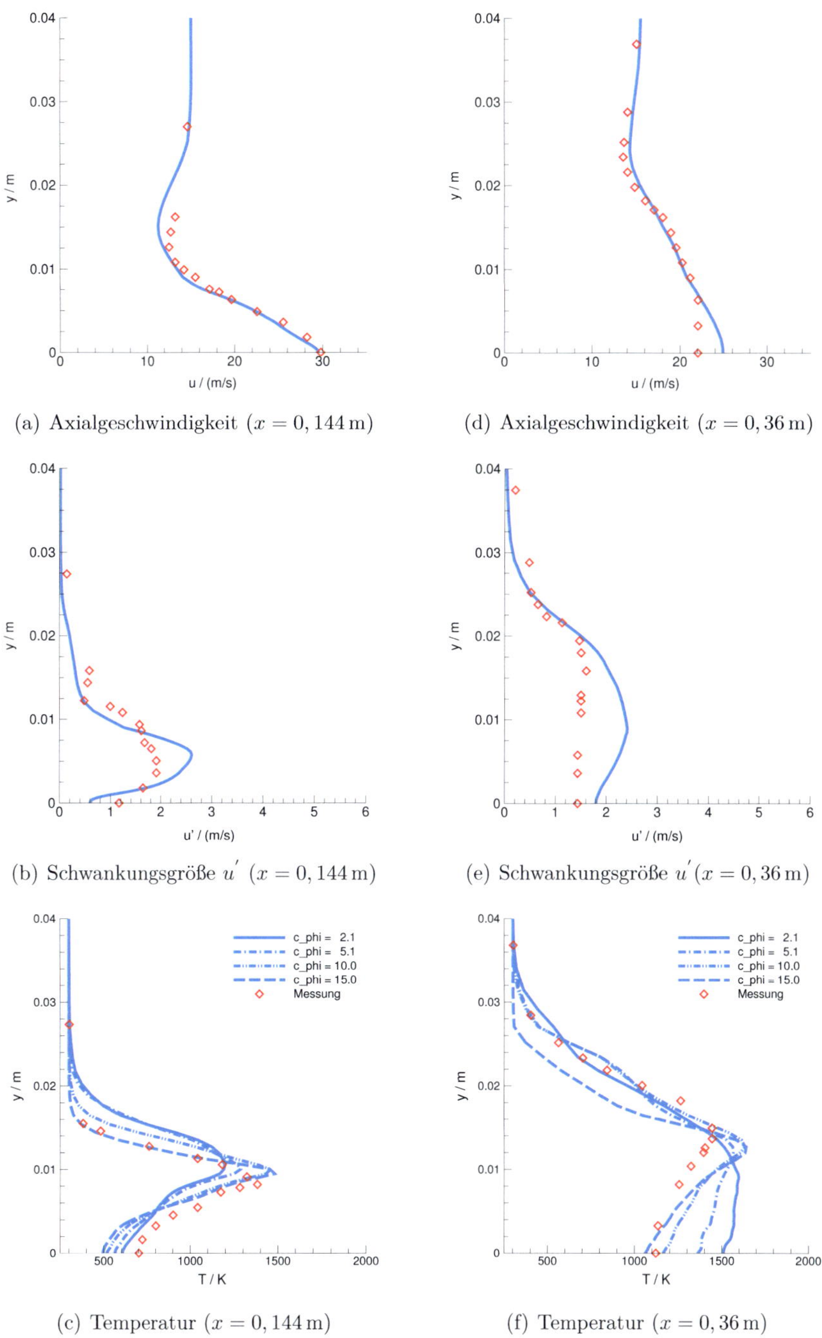

(a) Axialgeschwindigkeit ($x = 0,144\,\mathrm{m}$)

(d) Axialgeschwindigkeit ($x = 0,36\,\mathrm{m}$)

(b) Schwankungsgröße u' ($x = 0,144\,\mathrm{m}$)

(e) Schwankungsgröße u' ($x = 0,36\,\mathrm{m}$)

(c) Temperatur ($x = 0,144\,\mathrm{m}$)

(f) Temperatur ($x = 0,36\,\mathrm{m}$)

Abbildung 5.4: Vergleich der gemessenen (Punkte) und simulierten (Linie) Profile für die Flamme K

Gut zu erkennen ist er Einfluss der Variation des turbulenten Zeitmaßes bei den in der untersten Zeile in Abbildung 5.4 dargestellten Temperaturverläufen. Die (turbulente) mechanische Zeitskala τ_t wird aus dem Turbulenzmodell des CFD Teils berechnet. Je größer der Wert für C_ϕ wird, desto kleiner wird die (turbulente) chemische Zeitskala τ_ϕ im Vergleich zur mechanischen Zeitskala. Im Mischungsmodell sorgt eine kleine chemische Zeitskala für mehr Mischungsvorgänge (siehe Gleichung 3.85). Beim Standardwert von $2,1$ wird in der ersten Messebene oberhalb des Temperaturmaximums in y-Richtung eine zu hohe Temperatur vorrausgesagt und unterhalb des Temperaturmaximums eine zu niedrige Temperatur. Mit steigendem C_ϕ nimmt durch vermehrte Mischungsprozesse der numerischen Partikel die Temperatur oberhalb des Maximums weiter ab bis bei einem C_ϕ von 15 schließlich das Profil der Messung nahezugetroffen wird. Unterhalb des Maximums führt die Steigerung von C_ϕ zu einer Zunahme der Temperatur und somit wird dort ebenfalls bei $C_\phi = 15$ der Verlauf der Messdaten sehr gut wiedergegeben. Unterhalb eines Punktes bei etwa $y/m = 0,005$ an dem sich die Linien der Simulationsdaten schneiden zeigt sich ein umgekehrter Effekt: mit steigendem C_ϕ nimmt die Temperatur ab. Grund für beide Phänomene sind die vermehrten Mischungsereignisse zwischen den Partikeln. Im Bereich oberhalb des Schnittpunktes sind noch sehr viele heiße Partikel aus dem Pilotstrom enthalten. Ein Mehr an Mischungsprozessen führt zu einer Steigerung der Temperatur. Im unteren Bereich sieht es anders aus. Hier sind viele (kalte) Partikel aus dem Brennstoffstrom vorhanden. Die Mehrzahl an Mischungsereignissen führt hier zu einem Verlöschen oder zumindest starkem Abkühlen, der durch Turbulenz aus dem Pilotstrom eingemischten heißen Partikel. In der zweiten Messebene zeigt sich oberhalb des Temperaturmaximums nur ein geringer Einfluß der Konstante des Mischungsmodells. Lediglich bei $C_\phi = 15$ ist die Temperatur etwas zu gering. Bei den anderen Werten sind die Verläufe nahezu gleich. Schwach ist ebenfalls der Trend einer abnehmenden Temperatur mit steigendem C_ϕ zu beobachten. Unterhalb des Maximums nimmt die Temperatur mit steigendem C_ϕ wieder ab. Grund hierfür sind die oben beschriebenen häufiger auftretenden Mischungsprozesse. Der Temperaturverlauf wird ebenfalls durch ein C_ϕ von 15 über den gesamten Bereich gesehen am besten wiedergegeben. Als Fazit kann festgehalten werden, dass sich Axialgeschwindigkeit und turbulente Schwankungsgeschwindigkeit gut reproduzieren lassen. Lediglich bei dem Temperaturverlauf wirkt sich die Unsicherheit hinsichtlich des turbulenten Zeitmaßes deutlich aus. Hier wären für eine abschließende Beurteilung detailliertere Informationen aus den Messungen notwendig gewesen. Der Wert für C_ϕ, bei dem die beste Übereinstimmung mit den gemessenen Temperaturverläufen erzielt werden konnte, weicht zwar deutlich von dem in der Literatur angegebenen Standardwert ab, deckt sich aber mit verschiedenen anderen Arbeiten an ähnlichen Flammentypen [9, 143].

5.3 Ergebnisse für die L-Flamme

Die Darstellung der Validerungsergebnisse erfolgt in analoger Weise zur K-Flamme. Wieder werden die experimentellen Daten in zwei Ebenen stromab der Brenneraustrittsebene mit den Simulationen verglichen. Als Vergleichsgrößen dienen ebenfalls Axialgeschwindigkeit, Schwankungsgeschwindigkeit und Temperatur. Der Unterschied bei den globalen Betriebsparametern der beiden Flammen ist die bei der L-Flamme höhere Eintrittsgeschwindigkeit des Brennstoffjets und die damit gesteigerte Turbulenzintensität.

Die in der ersten Zeile dargestelle Axialgeschwindigkeit (Abb. 5.5) läßt sich in beiden Ebenen sehr gut darstellen. Die Abweichungen zwischen den experimentellen und den numerischen Profilen sind sehr gering. Die berechnete Geschwindigkeitsfluktuation deckt sich ebenfalls in beiden Messebenen sehr gut mit den experimentell ermittelten Werten. Ein merklicher Einfluss der Variation von C_ϕ konnte bei der L-Flamme ebenfalls nicht festgestellt werden. Deshalb sind bei Axialgeschwindigkeit und Geschwindigkeitsfluktuation wieder die Ergebnisse für $C_\phi = 2,1$ dargestellt. Die Geschwindigkeitsfluktuation wird aus den Simulationsergebnissen wie auch bei der K-Flamme unter der dem verwendeten Zweigleichungsturbulenzmodell zu Grunde liegenden Annahme isotroper Turbulenz aus der turbulenten kinetischen Energie berechnet [141, 166].

Die Temperaturprofile zeigen das Ergebnis der Parameterstudie bei Variation des Wertes von C_ϕ. Hierdurch kann die experimentell nicht bestimmte turbulente Zeitskala variiert werden. Der Standardwert für C_ϕ liefert eine in der Tendenz zu niedrige Temperatur. Es kommt nicht zu genügend molekularen Transport- und Mischungsprozessen, die notwendig sind um zum einen ein brennbares Kraftstoff/Luft Gemisch zu erhalten und um zum anderen durch einmischen von heißem verbranntem Abgas aus dem Pilotbrenner die Flamme stabil am brennen zu halten. Die Simulation zeigt, dass ab $C_\phi = 7$ die Temperaturverläufe fast nicht mehr durch die Änderung von C_ϕ beeinflusst werden. Darüber hinaus sind die Verläufe der jeweiligen Kurven in den beiden Ebenen sehr ähnlich. Die experimentellen Daten werden am besten durch ein C_ϕ von 12 wiedergegeben. Der Wert liegt also im selben Bereich wie bei der vorne gezeigten K-Flamme. Eine genaue Betrachtung der Profilverläufe für $C_\phi = 12$ zeigt, dass in der ersten Messebene eine leicht zu hohe Temperatur vorausgesagt wird. Die horizontale Lage des Temperaturmaximums wird nahezu exakt richtig getroffen und unterhalb des Maximums sind die Temperaturen leicht zu gering. In der zweiten Messebene ergibt sich qualitativ ein ähnlicher Befund. Oberhalb des Temperaturmaximums wird eine, jetzt aber sehr geringe, Überschätzung der Temperatur sichtbar. Der absolute Wert des Temperaturmaximums wird um etwa 15% in der Simulation überschätzt, seine radiale Position aber richtig vorhergesagt. Unterhalb des Maximums ist die Übereinstimmung mit den experimentellen Daten deutlich schlechter. Hier wird die Temperatur insbesondere an der Symmetrieachse zum Teil recht deutlich unterschätzt und dies unabhänig von der Wahl von C_ϕ.

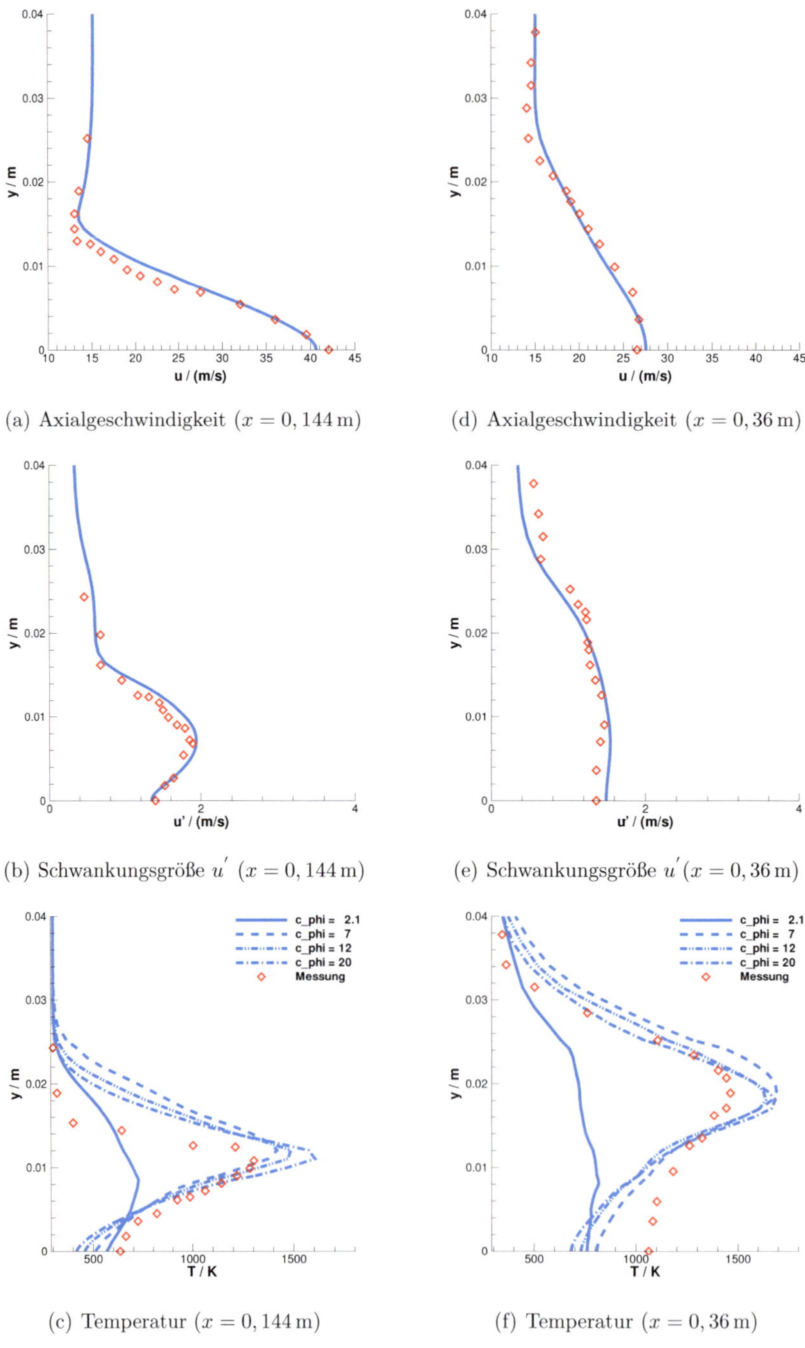

(a) Axialgeschwindigkeit ($x = 0,144\,\mathrm{m}$)   (d) Axialgeschwindigkeit ($x = 0,36\,\mathrm{m}$)

(b) Schwankungsgröße $u^{'}$ ($x = 0,144\,\mathrm{m}$)   (e) Schwankungsgröße $u^{'}$ ($x = 0,36\,\mathrm{m}$)

(c) Temperatur ($x = 0,144\,\mathrm{m}$)   (f) Temperatur ($x = 0,36\,\mathrm{m}$)

Abbildung 5.5: Vergleich der gemessenen (Punkte) und simulierten (Linie) Profile für die Flamme L

Zusammenfassend zeigt sich für die L-Flamme eine sehr gute Übereinstimmung der Simulation mit den Messdaten für die mittlere Geschwindigkeit und die Geschwindigkeitsfluktuation. Das Temperaturprofil kann durch die sich dort stark auswirkende experimentelle Unsicherheit bei der Bestimmung einer zuverlässigen Randbedingung für das turbulente Zeitmaß nur mit einer gewissen Unsicherheit berechnet werden.

5.4   Ergebnisse für die M-Flamme

Abschießend zeigt dieser Abschnitt die Resultate der Validierungsrechnungen für die M-Flamme. Sie ist der Flammentyp mit der größten Turbulenzintensität. Bei im Vergleich zur K- und L-Flamme gleicher Eintrittsgeschwindigkeit des Coflows und des Piloten ist die Eintrittsgeschwindigkeit des Brennstoffstrahls noch einmal etwa 20% höher als bei der L-Flamme. Die genau verwendeten Eintrittsprofile sind ebenfalls der Literatur entnommen worden [96] und sind in Abbildung 5.3 dargestellt.

Die Ergebnisse der Simulationen sind in Abbildung 5.6 aufgetragen. Wieder zeigt sich, dass sowohl der gemessene radiale Verlauf der Axialgeschwindigkeit, als auch der Verlauf der Geschwindigkeitsfluktuation sehr gut durch die Simulation reproduziert werden können. Lediglich nahe an der Symmetrieachse ist in der ersten Messebene für die mittlere Geschwindigkeit eine geringe Diskrepanz der Daten zu erkennen. Die Axialgeschwindigkeit wird etwas unterschätzt. In der zweiten Messebene passen das experimentell bestimmte und das simulierte Profil aber wieder sehr gut zu einander.

Problematisch ist es auch für die M-Flamme ein richtiges (turbulentes) chemisches Zeitmaß aus der Turbulenzcharakteristik abzuleiten. Wie bei den anderen beiden Flammentypen auch ist dazu eine Variation der Konstanten C_ϕ notwendig. An verschiedenen Stellen in der Literatur (z.B. [57, 143]) wird darauf abgehoben, daß es sich bei C_ϕ weniger um eine Modellkonstante sonder eher um einen empirisch zu bestimmenden Faktor handelt, der je nach betrachtetem Problem starkt andere Werte haben kann. Detaillierte Ausführungen hierzu finden sich unter anderem in einem kürzlich erschienenen Übersichtsartikel von Haworth [57]. Die letzte Spalte in Abbildung 5.6 zeigt den Einfluß des für C_ϕ verwendeten Wertes und somit der Korrelation zwischen physikalischer turbulenter Zeitskala und chemischer Zeitskala. Besonders die zweite, weiter stromab liegende, Messebene zeigt ein deutlich von den Ergebnissen der K- und L-Flamme abweichendes Ergebnis. Während in diesen beiden Flammentypen eine Parameter von $C_\phi > 10$ die Messung am besten reproduzieren kann, ist für die M Flamme der Standardwert $C_\phi = 2,1$ am besten geeignet. Kleine Werte sorgen für zu wenig Mischung und größere Werte für zu viel Mischung. Die Abbildung des Temperaturverlaufs bleibt jedoch unabhänig vom gewählten C_ϕ nahe an der Symmetrieachse unzureichend. Dort liegt die in der Simulation erreichte Temperatur deutlich unter den gemessenen Werten. Hier zeigt sich das Defizit bei der Modellierung der molekularen Transportprozesse deutlich. Zusätzlich könnte hier auch der Einfluss der

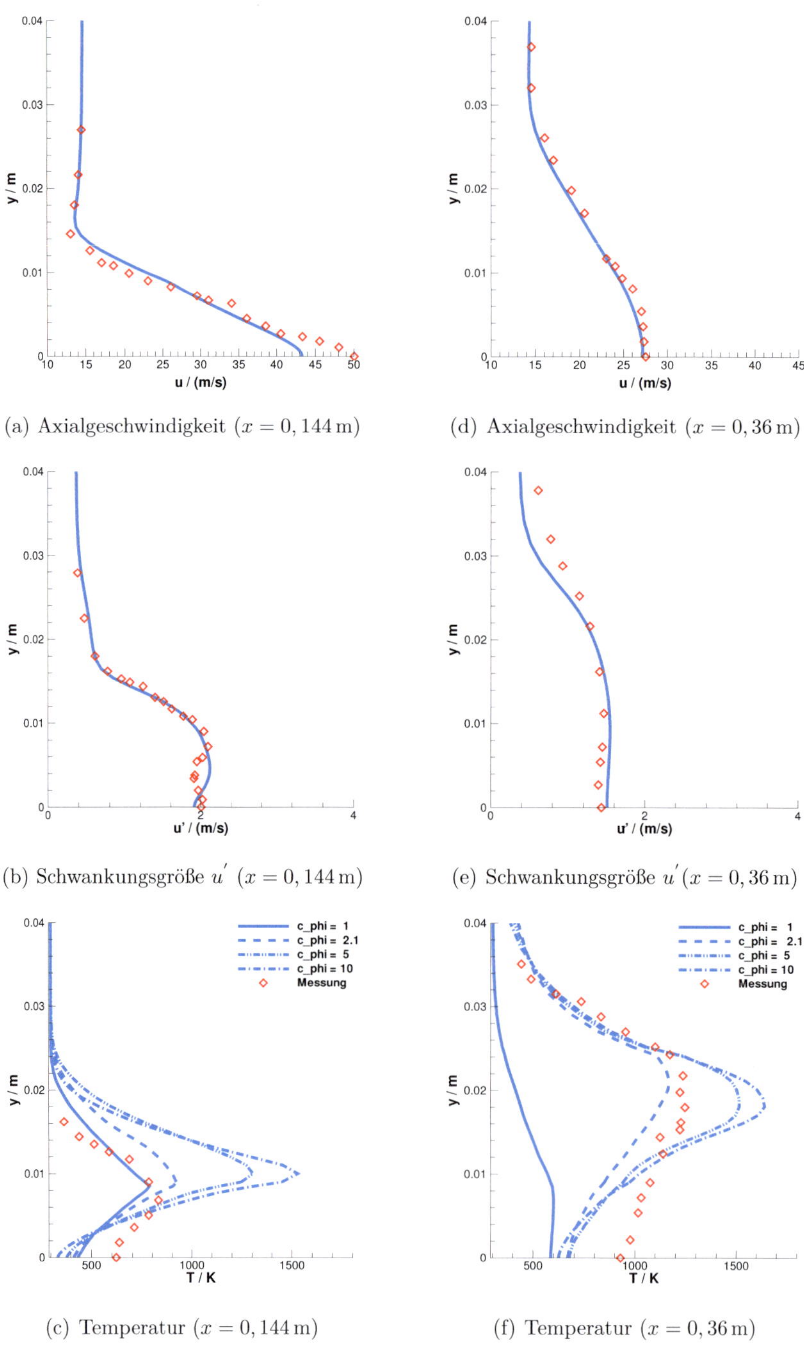

(a) Axialgeschwindigkeit ($x = 0,144\,\mathrm{m}$)

(d) Axialgeschwindigkeit ($x = 0,36\,\mathrm{m}$)

(b) Schwankungsgröße u' ($x = 0,144\,\mathrm{m}$)

(e) Schwankungsgröße u' ($x = 0,36\,\mathrm{m}$)

(c) Temperatur ($x = 0,144\,\mathrm{m}$)

(f) Temperatur ($x = 0,36\,\mathrm{m}$)

Abbildung 5.6: Vergleich der gemessenen (Punkte) und simulierten (Linie) Profile für die Flamme M

Verwendung nur einer Fortschrittsvariablen bei der Modellierung der chemischen Reaktion eine Rolle spielen. Nahe an der Symmetrieachse liegt die höchste Turbulenzintensität
vor, die dazu noch deutlich über der maximalen Turbulenzintensität der K- und L-Flamme
liegt. Der Zustand der Flamme sollte hier also nahe an der Streckgenze liegen. Durch die
turbulenten Fluktuationen kann es in dieser Zone somit sehr wahrscheinlich zu lokalem
partiellen oder vollständigen Verlöschen der Flamme kommen. Um diese Zustände in der
Chemiemodellierung besser darstellen zu können müsste auf eine REDIM Tabelle zugegrif-
fen werden, die zwei oder mehr chemische Fortschrittsvariablen beinhaltet. Möglicherweise
könnten dadurch die gemessenen Temperaturfelder der M-Flamme deutlich besser durch
die Simulation reproduziert werden.

Zusammenfassend kann festgehalten werden, daß es auch bei der Flamme M sehr gut möglich ist den Strömungszustand und die turbulenten Geschwindigkeitsflukationen mit dem
verwendeten Simulationsmodell darzustellen. Das Temperaturfeld läßt sich nur unzureichend wiedergeben, da eine Information aus den Experimenten über den Verlauf des turbulenten Zeitmaßes leider nicht vorhanden ist. Die Abweichungen im Temperaturfeld sind
bei der M-Flamme deutlicher als bei der K- und L-Flamme. Dies wird maßgeblich durch
die deutlich größere Turbulenzintensität verursacht.

Kapitel 6

Ergebnisse für eine stationäre vorgemischte Flamme

In vielen technischen Anwendungen werden vorgemischte Flammen eingesetzt. Deshalb soll das in dieser Arbeit entwickelte Simulationsmodell auch auf solche Flammen anwendbar sein. Als Validierungsfall dient hierfür eine von Chen et al. [26] experimentell untersuchte Methan/Luft Flamme. Für diese statistisch stationäre Flamme konnten der Literatur umfangreiche Messungen der Geschwindigkeits- und Skalarfelder entnommen und zu Validierungszwecken herangezogen werden. Das Simulationsmodell zeigt eine sehr gute Übereinstimmung mit den experimentellen Resultaten. Für unterschiedliche Betriebszustände und Randbedingungen liegen die Ergebnisse der numerischen Simulation innerhalb der Messgenauigkeit der experimentellen Daten. Vorteilhaft war dabei, dass im Gegensatz zu den im vorigen Kapitel dargestellten Simulationen der K-Flamme zusätzlich Messungen über das turbulente Zeitmaß vorhanden sind. Dies führt zu deutlich besseren Resultaten.

Inhaltlich wird in diesem Kapitel zunächst kurz der untersuchte Brenner und die verschiedenen untersuchten Betriebszustände (Flamme F1, F2 und F3) beschrieben, dann die Vernetzung der Geometrie und die verwendeten Randbedingungen dargestellt und zum Abschluss ein Vergleich der Simulationsergebnisse und der experimentellen Daten gezeigt. Die sehr umfangreichen Datensätze können in diesem Abschnitt nur auszugweise dargestellt werden. Ein detaillierter Vergleich mit allen in der Literatur zugänglichen experimentellen Daten findet sich in [160].

6.1 Beschreibung der untersuchten Flamme

6.1.1 Geometrie und globale Betriebszustände

Prinzipiell handelt es sich bei dem untersuchten Brenner um eine pilotstabilisierte vorgemischte Methan/Luft Flamme [26]. Durch den Pilotbrenner wird die mittig brennende

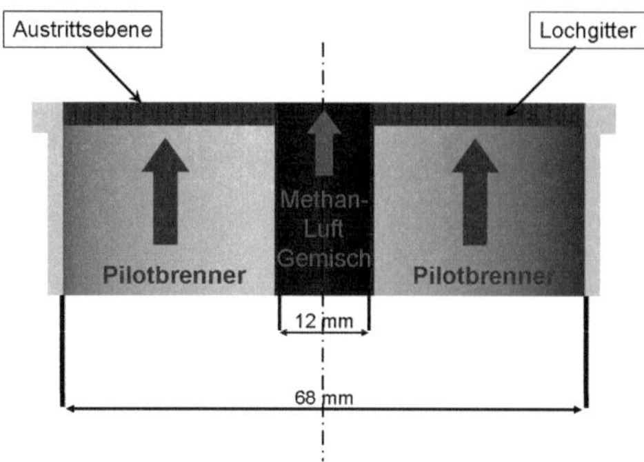

Abbildung 6.1: Aufbau des pilotierten vorgemischten Brenners

Hauptflamme stabilisiert. Die Luftzahl von Pilot und Hauptflamme ist gleich. Das Experiment wurde mit einem stark verbreiterten Pilotbrenner durchgeführt um ein lokales verlöschen und abheben der Flamme zu vermeiden. In den Experimenten wird zwischen drei verschiedenen Flammentypen (Flamme F1, F2 und F3) unterschieden, die jeweils eine unterschiedliche Austrittsgeschwindigkeit des Hauptstroms haben. Es variiert somit der Turbulenzgrad und das Verhältnis von physikalischem und chemischem Zeitmaß der einzelnen Flammen untereinander. In Tabelle 6.1 sind die globalen Betriebsparameter der verschiedenen Flammentypen zusammen gefasst.

	Flamme F1	Flamme F2	Flamme F3
Mittlere Austrittsgeschwindigkeit Hauptflamme	$65\,\frac{m}{s}$	$50\,\frac{m}{s}$	$30\,\frac{m}{s}$
Austrittsgeschwindigkeit Pilot (kalt)	$0,63\,\frac{m}{s}$	$0,63\,\frac{m}{s}$	$0,63\,\frac{m}{s}$

Tabelle 6.1: Globale Betriebsparameter der drei untersuchten Flammen

6.1.2 Gittergenerierung

Für die folgend gezeigten Simulationsergebnisse wurde ein zweidimensionales achsensymetrisches Rechengitter verwendet. Das Gitter besteht insgesamt aus 3604 Zellen und ist in Abbildung 6.2 in Relation zur Brennergeometrie dargestellt. Die Abbildung zeigt dabei nicht das gesamte Rechengebiet sondern stellt nur den Ausschnitt in der unmittelbaren Nähe des Brenners dar. Um Randeffekte auf die Resultate minimieren zu können ersteckt sich das Gitter in beiden Raumrichtungen über eine Länge von etwa 100 mal des Durchmessers des Hauptgasstroms. Dargestellt ist hier nur ein kleiner Ausschnitt des Gitters. Lokale Verfeinerungen sollen die Gitterauflösung in Bereichen in denen starke räumliche Gradienten

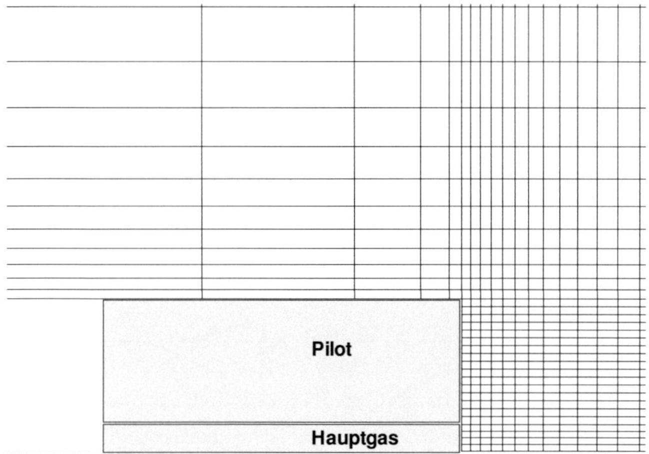

Abbildung 6.2: Schematische Darstellung des Rechengitters

zu erwarten sind verbessern. Zusätzlich wurde der hinter der Austrittsebene des Brenners liegende Bereich ebenfalls vernetzt um ein mitreißen der Umgebungsluft durch den ausströmenden Jet („Entrainment") berücksichtigen zu können. Die später dargestellten Simulationsrechnungen zeigten, dass dieser Effekt recht groß ist. Der Brenner saugt deutlich Luft aus der umgebenden Gasströmung an. In den gezeigten Simulationen war die Vernetzung dieses Bereichs notwendig um die experimentellen Daten validieren zu können.

6.1.3 Randbedingungen

Die zur Simulation notwendigen Randbedingungen konnten aus den in der Literatur veröffentlichten Messdaten entnommen werden [26]. Vermessen wurden in der Austrittsebene des Brenners in radialer Richtung von der Symmetrieachse bis zum Ende des Hauptgasstroms die Axialgeschwindigkeit u (Abb. 6.3(a)) und die Geschwindigkeitsfluktuationen u' und v'. u' und v' sind dabei die Geschwindigkeitsfluktuationen in axialer und radialer Richtung des Brenners. Die nicht vermessene Geschwindigkeitsfluktuation w' in Umfangsrichtung wurde für die in den Simulationen verwendeten Randbedinungen zu Null gesetzt. Die turbulente kinetische Energie (Abb. 6.3(b)) kann somit über die Beziehung

$$k = \frac{1}{2}\left(u'^2 + v'^2\right) \tag{6.1}$$

berechnet werden. Um das turbulente Zeitmaß

$$\tau_{\mathrm{t}} = \frac{k}{\varepsilon} \tag{6.2}$$

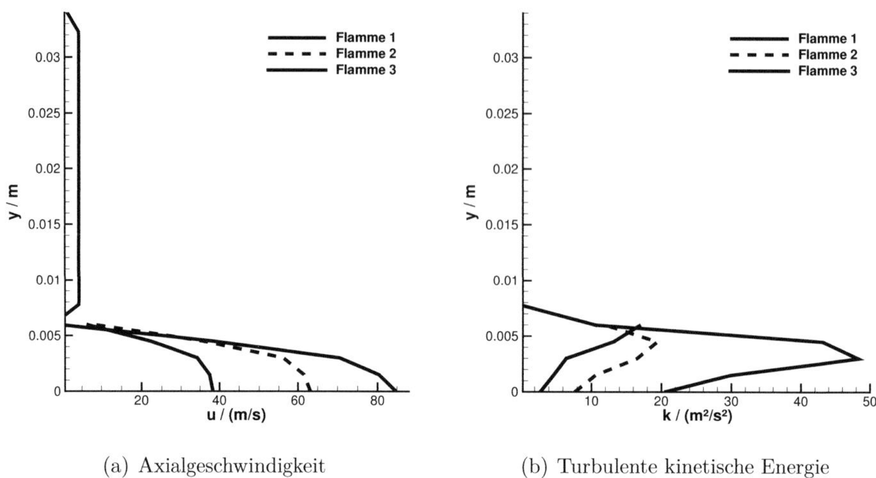

(a) Axialgeschwindigkeit   (b) Turbulente kinetische Energie

Abbildung 6.3: Randbedingungen für die einzelnen Flammentypen

am Rand zu erhalten, muss zunächst die Dissipationsrate der turbulenten kinetischen Energie ε nach der Gleichung

$$\varepsilon = \frac{u'^{\frac{3}{2}}}{l_{\mathrm{lat}}} \tag{6.3}$$

berechnet werden. Das laterale integrale Längenmaß l_{lat} ist aus dem Experiment [26] für die Mitte des Brenneraustritts bekannt ($l_{\mathrm{lat}} = 2,4\,\mathrm{mm}$) und wurde als konstant über den Brennerradius angenommen.

Um die Einlassbedingungen des Pilotstroms richtig in der Simulation abbilden zu können sind einige Vorüberlegungen notwendig. Die Austrittsebene des Piloten besteht aus einer Lochscheibe mit 1175 Löchern mit einem Durchmesser von jeweils 1 mm. Experimentell bestimmt wurde die Austrittsgeschwindigkeit aus einer Lochscheibe im Falle einer kalten Strömung mit einem Wert von $0,84\,\frac{\mathrm{m}}{\mathrm{s}}$. In der Simulation wird als Randbedingung ein Blockprofil für die Axialgeschwindigkeit verwendet. Die verwendete Geschwindigkeit errechnet sich aus dem in der Literatur angegebenen Versperrungsverhältnis und dem Quotienten aus der Dichte der kalten und heißen Strömung. Somit ergibt sich ein errechneter Wert von $4,75\,\frac{\mathrm{m}}{\mathrm{s}}$. Näheres hierzu findet sich in [160]. Die turbulente kinetische Energie und das turbulente Zeitmaß wurden analog zu den Messdaten jeweils auf einen sehr kleinen Wert gesetzt.

6.1.4 Vorhandene Messdaten

Zur Validierung der Simulationsergebnisse können aus der Veröffentlichung von Chen et al. [26] eine ganze Reihe von Messdaten entnommen werden.. Es finden sich dort LDA

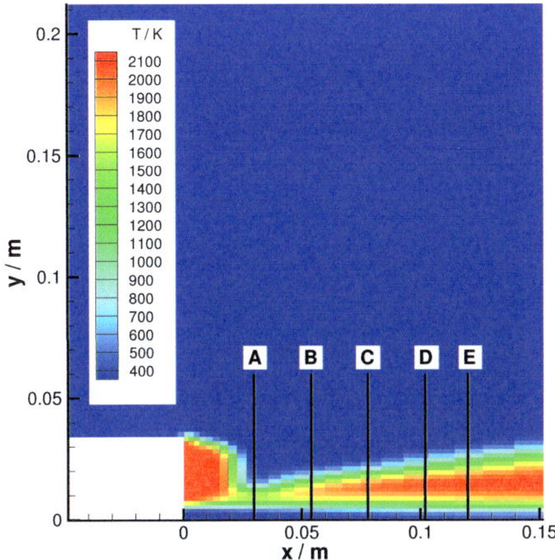

Abbildung 6.4: Lage der Messebene relativ zur Brenneraustrittsebene

(Laser-Doppler Anemometrie [36]) Messungen der mittleren Axialgeschwindigkeit und der turbulenten kinetischen Energie, 2D Rayleigh Thermometrie [38] Messungen des Temperaturfeldes und Messungen der Massenbrüche verschiedener Skalare mittels Ramanspektroskopie [19, 38]. Im einzelnen sind Messungen der Massenbrüche von Methan (CH_4), Sauerstoff (O_2), Kohlendioxid (CO_2), Wasser (H_2O), Kohlenmonoxid (CO) und Wasserstoff (H_2) vorhanden. Die Messungen wurden für jede der drei Flammen in fünf zur Brenneraustrittsebene parallelen Ebenen durchgeführt. Die Lage der Ebenen relativ zur Brenneraustrittsebene ist in Abbildung 6.4 schematisch dargestellt. Die Ebenen werden im folgenden mit den Buchstaben A, B, C, D und E gekennzeichnet. Ihr Abstand zur Austrittsebene des Brenners ist in Tabelle 6.2 sowohl im Verhältnis zum Düsendurchmesser (x/D) als auch in absoluter Länge x angegeben.

Alle vorhandenen Messdaten wurden im Detail mit Simulationsergebnissen verglichen. Aus Platzgründen werden im folgenden nur auszugweise Ergebnisse der Validierungsrechnungen dargestellt. Der vollständige Vergleich findet sich in [160].

Ebene	x/D	x/mm
A	2,5	30
B	4,5	54
C	6,5	78
D	8,5	102
E	10,5	126

Tabelle 6.2: Axiale Position der Messebenen für Flamme F1, F2 und F3

6.2   Ergebnisse für Flamme F1

Die ersten beiden dargestellten Abbildungen 6.5 und 6.6 zeigen zunächst einen qualitativen Vergleich der Messdaten mit den Ergebnissen der Simulationsrechnungen. Hierzu sind die in den fünf Messebenen (Tabelle 6.1) vorhandenen Messwerte durch Triangulation in ein Feld von Datenpunkten ungewandelt worden. Die so gewonnenen Datenfelder werden als Farbverlauf aufgetragen. Die Abbildungen stellen jeweils einen Schnitt durch die Symmetrieachse des Brenners in der x,y-Ebene dar. Oberhalb der schwarzen Line (bei $y = 0$) sind die simulierten Werte dargestellt unterhalb der schwarzen Linie sind die experimentellen Werte abgebildet. Das Axialgeschwindigkeitsfeld (Abbildung 6.5) von Simulation und Experiment zeigen qualitativ eine sehr gute Übereinstimmung. Die Geschwindigkeit auf der Strahlachse wird über den gesamten Bereich gut wiedergegeben. Die Aufweitung des Strahls in stromabrichtung ist ebenfalls qualitativ richtig und die Breite des Strahls wird korrekt berechnet. Für das Temperaturfeld (Abbildung 6.6) zeigen sich ähnlich gute Ergebnisse. Es sind zwar ebenso wie für die Geschwindigkeit im Bereich unmittelbar stromab der Düse sind keine Messungen vorhanden, so dass über die Güte des Temperaturverlaufs dort keine direkte Aussage gemacht werden kann, aber ab der ersten Messebene zeigt sich generell eine qualitativ sehr gute Übereinstimmung der Simulation mit den experimentellen Daten. Der berechnete Temperaturverlauf paßt sowohl in axialer als auch in radialer Richtung gut zu den gemessenen Werten. Auch die Position des Beginns der Hauptflamme wird richtig dargestellt. Sie beginnt sowohl im Experiment als auch in der Simulation etwa bei $x = 0,1\,\mathrm{m}$.

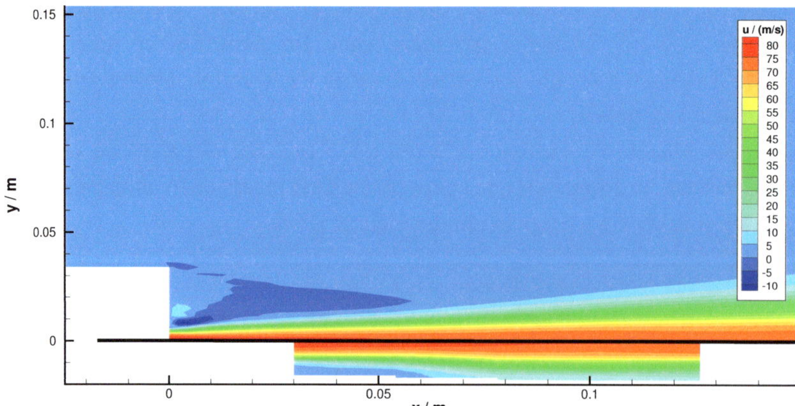

Abbildung 6.5: Farbverlauf der Axialgeschwindigkeit für F1 (Experiment unten, Simulation oben)

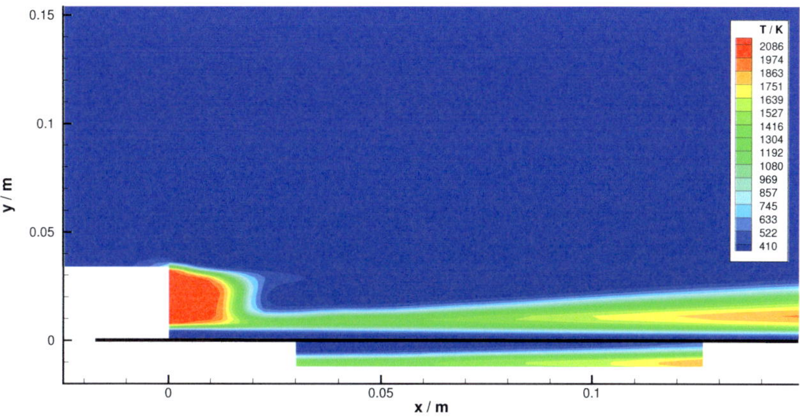

Abbildung 6.6: Farbverlauf der der Temperatur für F1 als Vergleich von Experiment (unten) und Simulation (oben)

Für die in diesem Abschnitt dargestellten Ergebnisse, als auch für die in den beiden folgenden Abschnitte gezeigten Ergebnisse für Flamme F2 und F3, wurde für das Mischungsmodell jeweils mit dem Standardwert für C_ϕ von 2, 1 gerechnet. Eine Variation dieses Wertes zur richtigen Wiedergabe der Temperatur- und Speziesverläufe in der Simulation war im Gegensatz zu den Rechnungen der K-, L- und M-Flamme im vorherigen Kapitel hier nicht notwendig. Der Grund dafür sind die deutlich detaillierteren Messdaten, die zur Bestimmung der Randbedingungen für die Simulationen herangezogen werden können. So ist das turbulente Längenmaß am Auslass des Brenners gemessen worden und kann zur Bestimmung einer validen Randbedingung (siehe Abschnitt 6.1.3) für die im Turbulenzmodell gelöste Gleichung für das turbulente Zeitmaß herangezogen werden. Die bei der K-, L- und M-Flamme durch die Abschätzung des turbulenten Zeitmaßes verursachte Unsicherheit besteht für die Flammen F1, F2 und F3 somit nicht.

Ein Vergleich der gemessenen und berechneten radialen Profile in den fünf Messebenen soll eine detaillierte Validierung der Simulationsergebnisse ermöglichen. Aus der Vielzahl an vorhandenen Daten wurden zur Validierung des Strömungsfeldes die Messdaten für die Axialgeschwindigkeit und die turbulente kinetische Energie in den Ebenen A bis C ausgewählt. Zur Validierung der skalaren Größen sollen exemplarisch die Temperatur und die spezifische Molzahl von CH_4 herangezogen werden. Dargestellt sind hier die Ergebnisse in den Ebenen C bis E. Die anderen nicht dargestellten Ebenen zeigen jeweils qualitativ ähnliche Ergebnisse [160]. Die Temperatur soll eine Orientierungsgröße für den Fortschritt der chemischen Reaktion darstellen und zusätzlich den Einfluss der Einmischung des heißen Abgases aus dem Pilotbrenner aufzeigen. Die spezifische Molzahl von CH_4 liefert eine Information über den Abbau des aus dem Hauptgasstroms stammenden Brennstoffs.

Der Vergleich zwischen gemessenen und berechneten Profilen ist in Abbildung 6.7 für die Axialgeschwindigkeit und die turbulente kinetische Energie gezeigt. Aufgetragen ist jeweils der Radius über der betrachteten Größe. Die einzelnen Zeilen stellen eine der Messebenen A bis C dar. In der linken Spalte findet sich die Axialgeschwindigkeit in der rechten jeweils die turbulente kinetische Energie. Die Symbole stellen die Messergebnisse dar, die Linien die Resultate der Simulationen. In allen drei Messebenen stimmen die Profile der Axialgeschwindigkeit von Messung und Simulation sehr gut überein. Sowohl der radiale Verlauf als auch der absolute Wert werden gut getroffen. Bei der turbulenten kinetischen Energie sind die Ergebnisse ähnlich gut, allerdings ergeben sich in allen drei Ebenen leichte Abweichungen der Simulationsergebnisse. In der ersten Ebene nahe am Brenner wird die radiale Höhe des Scherschicht leicht unterschätzt und somit liegt auch das Maximum der turbulenten kinetischen Energie bei einem zu niedrigen $y-$Wert. Ab der mittleren Ebene wird die Höhe wieder richtig berechnet. In Ebene B kann der Verlauf von k nahezu optimal wiedergegeben werden. Lediglich unmittelbar an der Symmetrieachse ist der absolute Wert zu klein. In der letzten dargestellten Ebene wird das Maximum der turbulenten kinetischen Energie um etwa 10 % überschätzt. Ebenso wird hier im Bereich der Symmetrieachse ein zu niedriger Wert von k berechnet. Diskrepanzen der simulierten Werte im Bereich der Symmetrieachse werden allem Anschein nach durch die in der Simulation notwendige Randbedingung verursacht. Sie versuracht einen zur Symmetrieachse senkrechten Grandienten von k. Zusammenfassend kann festgehalten werden, dass das durch die Simulation berechnete Strömungsfeld sehr gut die experimentell gemessenen Werte wiedergibt.

Der Vergleich der Simulationsergebnisse für Temperatur und spezifische Molzahl von CH_4 mit den dazugehörigen experimentellen Daten ist in Abbildung 6.8 dargestellt. In der linken Spalte der Abbildung ist jeweils der Abstand von der Symmetrieachse des Brenners über der Temperatur aufgetragen, die rechte Spalte zeigt den Abstand über der spezifischen Molzahl von CH_4. Die einzelnen Zeilen stellen die Messebenen C bis E dar. Das Temperaturprofil kann in allen drei Ebenen sehr gut wiedergegeben werden. Lediglich in der am weitesten vom Brenner entfernten Messebene wird der Maximalwert der Temperatur um knapp 10% unterschätzt. An der Symmetrieachse zeigt sich durch den Einfluss der Randbedingung ebenfalls eine stärkere Abweichung zwischen den gemessenen und simulierten Werten. Der prinzipielle Verlauf der spezifischen Molzahl von Methan wird wie die rechte Spalte von Abbildung 6.8 zeigt in allen Messebenen qualitativ richtig wiedergegeben. Die an die experimentellen Datenpunkte gezeichneten Fehlerbalken geben die in der Literatur angegebene Messunsicherheit von 10% bis 15% wieder [26]. Die experimentellen Werte der spezifischen Molzahl basieren auf Ramanmessungen. Es ergeben sich in allen Ebenen zumindest geringe Abweichung zwischen den experimentellen und den simulierten Werten. Betrachtet man diese Abweichung, so liegen die simulierten Werte für alle Messebenen zumindest nahezu innerhalb der angegebenen Messunsicherheit. Zudem muss vermutet werden, dass die Messunsicherheit in Bereichen kleiner spezifischer Molzahlen,

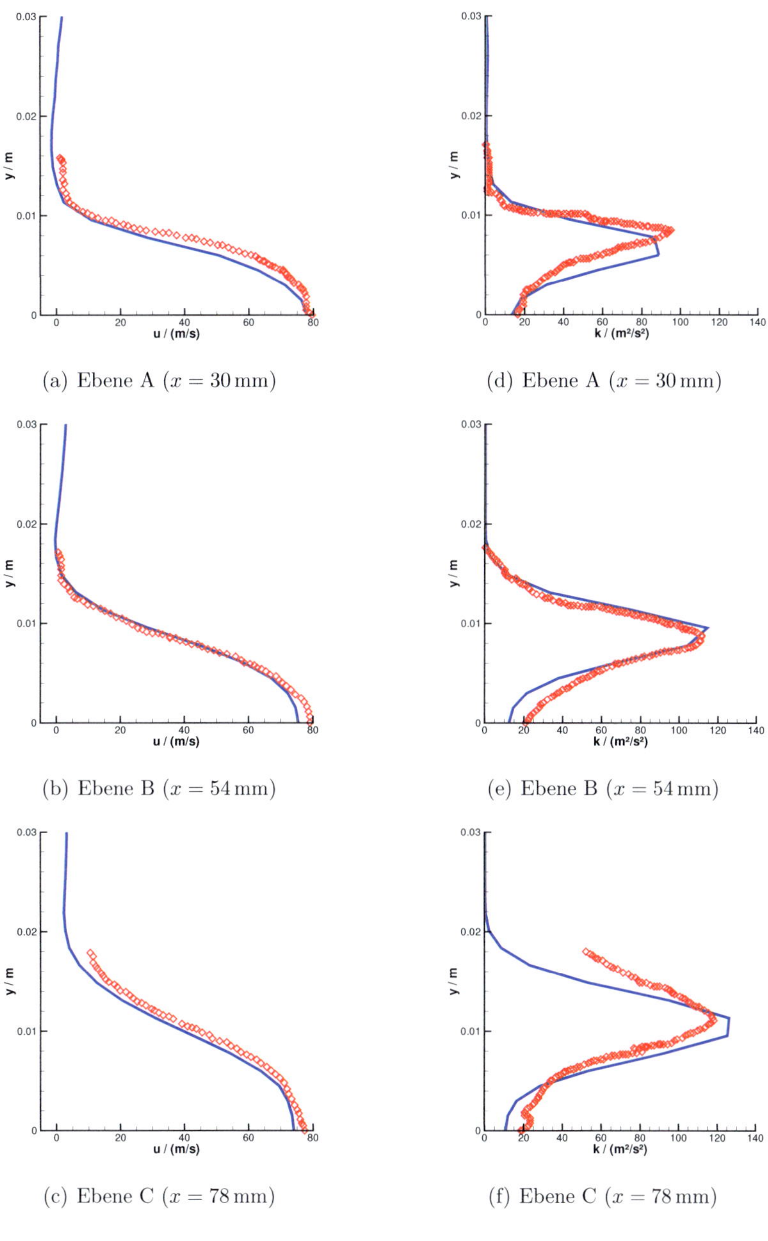

(a) Ebene A ($x = 30\,\text{mm}$) (d) Ebene A ($x = 30\,\text{mm}$)

(b) Ebene B ($x = 54\,\text{mm}$) (e) Ebene B ($x = 54\,\text{mm}$)

(c) Ebene C ($x = 78\,\text{mm}$) (f) Ebene C ($x = 78\,\text{mm}$)

Axialgeschwindigkeit **Turbulente kinetische Energie**

Abbildung 6.7: Vergleich der gemessenen (Punkte) und simulierten (Linie) Axialgeschwindigkeit und turbulenten kinetischen Energie in den Messebenen A bis C in des Brenners

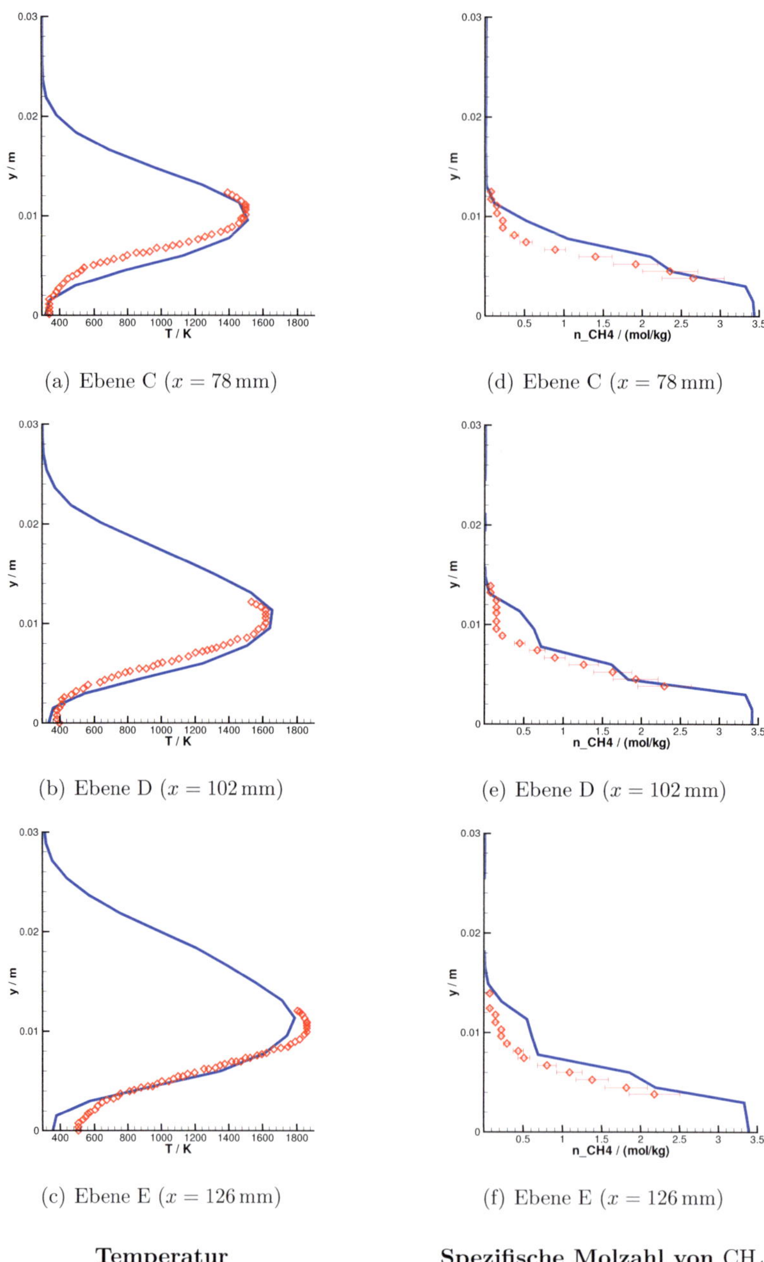

Abbildung 6.8: Vergleich des gemessenen (Punkte) und simulierten (Linie) Temperaturprofils und der spezifischen Molzahl des Brennstoffs in den Messebenen C bis E des Brenners

wo die Diskrepanz der experimentellen und simulierten Werte in der Tendenz stärker ist, durch die dort vorhandene geringe Signalstärke in der Messungen tendenziell eher größer sein sollte. In Bereichen nahe der Strahlachse sind keine Messwerte vorhanden, so dass über die Güte der Simulation in diesem Bereich keine unmittelbare Aussage möglich ist.

Zusammenfassend bleibt festzuhalten, dass die Strömungsgrößen sehr gut mit den experimentellen Daten übereinstimmen. Somit liegt der Schluss nahe, dass die verwendeten CFD Teilmodelle das untersuchte Strömungsproblem ausreichend gut beschreiben können. Die gute Übereinstimmung bei Temperaturfeld und anderen Skalarfeldern zeigt zum einen, daß die Kopplung zwischen CFD und PDF Teil des Modells auch für vorgemischte Flammen gut funktioniert und sowohl die reaktionskinetischen Modelle als auch die Modelle zur Beschreibung des molekularen Transports auf Seiten des PDF Lösers für vorgemischte Systeme gut funktionieren.

Um diese Aussagen zu untermauern wurden zusätzlich Simulationsrechungen für anderen globale Betriebsparameter des Brenners (Flamme F1 und F2) durchgeführt. Die Resultate hiervon sind in den folgenden beiden Abschnitten zu finden.

6.3   Ergebnisse für Flamme F2

Die globalen Betriebsparameter von Flamme F1 und Flamme F2 unterscheiden sich lediglich in der Austrittgeschwindigkeit des Hauptgasstroms. Sie beträgt bei F2 nur $50\,\frac{m}{s}$ im Vergleich zu $65\,\frac{m}{s}$ bei Flamme F1. Dies führt zu einer geringeren Scherung zwischen Pilot- und Hauptgastrom. Gleichzeitig nimmt dadurch die Turbulenzintensität ab. Die turbulente Dammköhlerzahl

$$\mathrm{Da_t} = \frac{\tau_c}{\tau_t} \tag{6.4}$$

definiert als Verhältnis aus einer chemischen Zeitskala der Reaktion τ_c und einem Zeitmaß der turbulenten Strömung τ_t ist größer.

Die Validierung der Ergebnisse soll wieder mit einem qualitativen Vergleich der Messdaten und Simulationen beginnen. Dargestellt sind hierzu jeweils die Daten von Messung und Simulation in zwei Farbverlaufsdiagrammen. Die Diagramme veranschaulichen zusätzlich für welchen Bereich der Flamme Messdaten vorhanden sind. Die erste Abbildung 6.9 stellt einen qualitativen Vergleich der Axialgeschwindigkeit von Simulation und Messung dar. Wie im vorherigen Abschnitt bei Flamme F1 ist hier wieder ein Schnitt in der x, y-Ebene des Brenners durch die Symmetrieachse dargestellt. Der obere Teil des Bildes zeigt das Simulationsergebnis, der untere Teil die Resultate der Messungen. Qualitativ passen beide Farbverläufe gut zu einander. Die Geschwindigkeit in Strahlrichtung und die Aufweitung des Strahls werden in der Simulation richtig vorhergesagt. Die Farbkodierung zeigt, dass auch die Absolutwerte der berechneten Geschwindigkeiten zumindest in der richtigen Größenordnung liegen. Ein detaillierter Vergleich der gemessenen und berechneten radialen Profile findet sich unten.

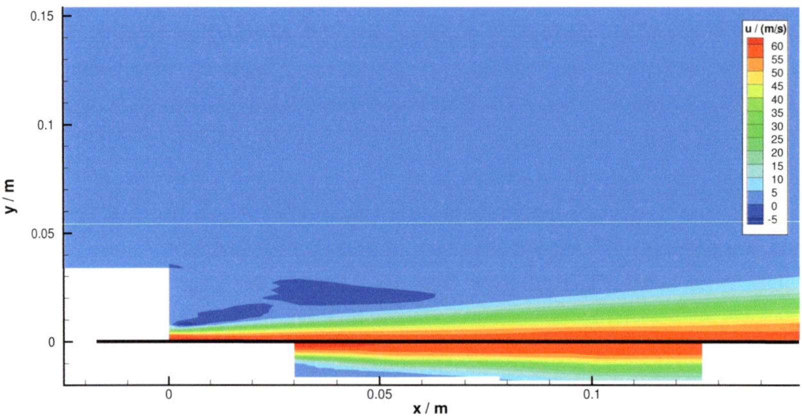

Abbildung 6.9: Farbverlauf der Axialgeschwindigkeit für F2 (Experiment unten, Simulation oben)

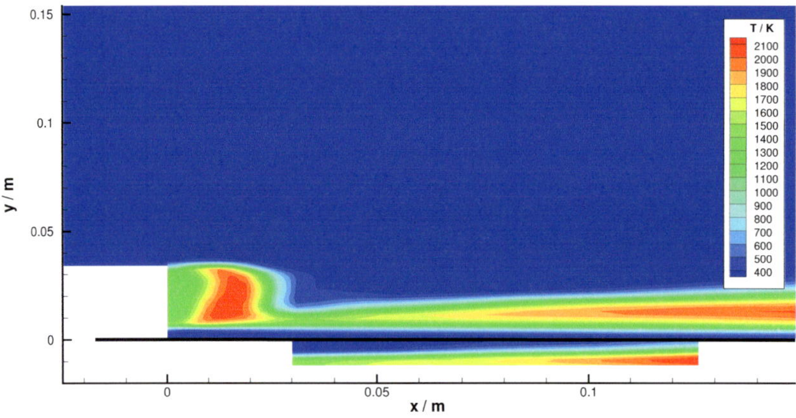

Abbildung 6.10: Farbverlauf der der Temperatur für F2 als Vergleich von Experiment (unten) und Simulation (oben)

Ein ähnliches Bild zeigt sich für den Temperaturverlauf. Ein Vergleich der Simulationsergebnisse mit den experimentellen Daten ist in Abbildung 6.10 zu sehen. Ebenfalls stimmen hier die Breite des Strahls sowie der qualitative Temperaturverlauf gut miteinander überein. Der Beginn der Hauptflamme liegt aufgrund der geringeren Strömungsgeschwindigkeit etwas niedriger als bei Flamme F1 und fällt etwa in die Mitte des durch Messungen abgedeckten Bereichs. Der Flammenbeginn liegt in der Simulation in axialer Richtung etwas zu hoch. Die Übereinstimmung mit der Lage im Experiment ist jedoch gut. Die absoluten berechneten Temperaturen stimmen, wie die Farbkodierung zeigt, ebenfalls über den gesamten messtechnisch untersuchten Bereich, sehr gut mit den Messungen überein. Die Einlasstemperatur des Pilotbrenners wird zur Berücksichtigung von Wärmeverlusten am Brennerkopf herabgesetzt. Dieses Vorgehen deckt sich mit den in der Literatur veröffentlichten Ergebnissen anderer Arbeitsgruppen [143]. Auch dort ließen sich die experimentellen Werte nur unter Berücksichtigung des Wärmeverlustes und der dadurch verursachten geringeren Eintrittstemperatur des Piloten reproduzieren.

Qualitativ gesehen ist die Güte der Simulationergebnisse für diesen Betriebszustand der Flamme vergleichbar hoch wie für Flamme F1. Zu einer detaillierten Validierung der simulierten Werte werden im folgenden die radialen Profile aus den Messungen in verschiedenen Ebenen im Freistahlgebiet der Flamme herangezogen. Abbildung 6.11 zeigt diesen Vergleich. In der linken Spalte finden sich die Geschwindigkeitsprofile von Messung und Simulation, in der rechten Spalte die Profillinien der turbulenten kinetischen Energie. Die einzelnen Zeilen stellen jeweils eine Messebene dar. Während das Geschwindigkeitsprofil in allen Ebenen sehr gut berechnet werden kann, zeigt sich bei der turbulenten kinetischen Energie eine gewisse Diskrepanz zwischen Simulation und Experiment. Besonders in der ersten Ebene weichen die Werte stark von einander ab. In der Simulation wird zunächst die Produktion der turbulenten kinetischen Energie deutlich überschätzt weshalb ein deutlich zu hoher Wert herauskommt. Die turbulente kinetische Energie dissipiert danach aber rasch wieder, so dass ab der zweiten Messebene B die beiden Profile wieder gut zu einander passen. Auch in Ebene C sind lediglich geringe Abweichungen zu beobachten. Qualitativ wird der Profilverlauf in allen Ebenen durch die Simulation korrekt wiedergegeben.

Aus den verschiedenen als Messdaten vorhandenen Skalarprofilen wurden die radialen Profile der Temperatur und der spezifischen Molzahl von CH_4 zusätzlich im Detail mit den Simulationsergebnissen verglichen. Dargestellt ist dieser Vergleich in Abbildung 6.12. In der linken Spalte sind die Temperaturprofile und in der rechten Spalte das Profil der spezifischen Molzahl von CH_4 dargestellt. Die Zeilen zeigen jeweils die Messebenen B bis D. Im Bereich nahe der Symetrielinie bis etwa $y = 0,01\,\mathrm{m}$ ist die Übereinstimmung von gemessenem und berechnetem Temperaturverlauf sehr gut. Lediglich in Bereich des Maximums der Temperatur gibt es in allen Ebenen eine geringe Abweichung. Grund hierfür ist voraussichtlich, dass es sich, wie oben dargestellt, als schwierig erweist exakte Randbedingungen für den Pilotbrenner aus der Literatur abzuleiten (siehe Abschnitt 6.1). Dies fällt bei Flamme F2 mehr ins Gewicht als bei Flamme F1 da die Ausströmgeschwindigkeit des Hauptstroms geringer ist und somit auch der Enthalpie- und Impulsunterschied zwischen beiden Strömen geringer wird. Erst weiter stromab im Rechengebiet wird also der Einfluss der wahrscheinlich zumindest bedingt unphysikalischen Randbedingung abgeklungen sein. Dadurch wirken sich die vorhandenen Unsicherheiten der Randbedingungen stärker auf die Simulationsergebnisse aus. Bei den auf der rechten Seite in Abbildung 6.12 aufgetragenen CH_4 Profilen sind den Messwerten Fehlerbalken hinzugefügt worden. Die Breite der Fehler-

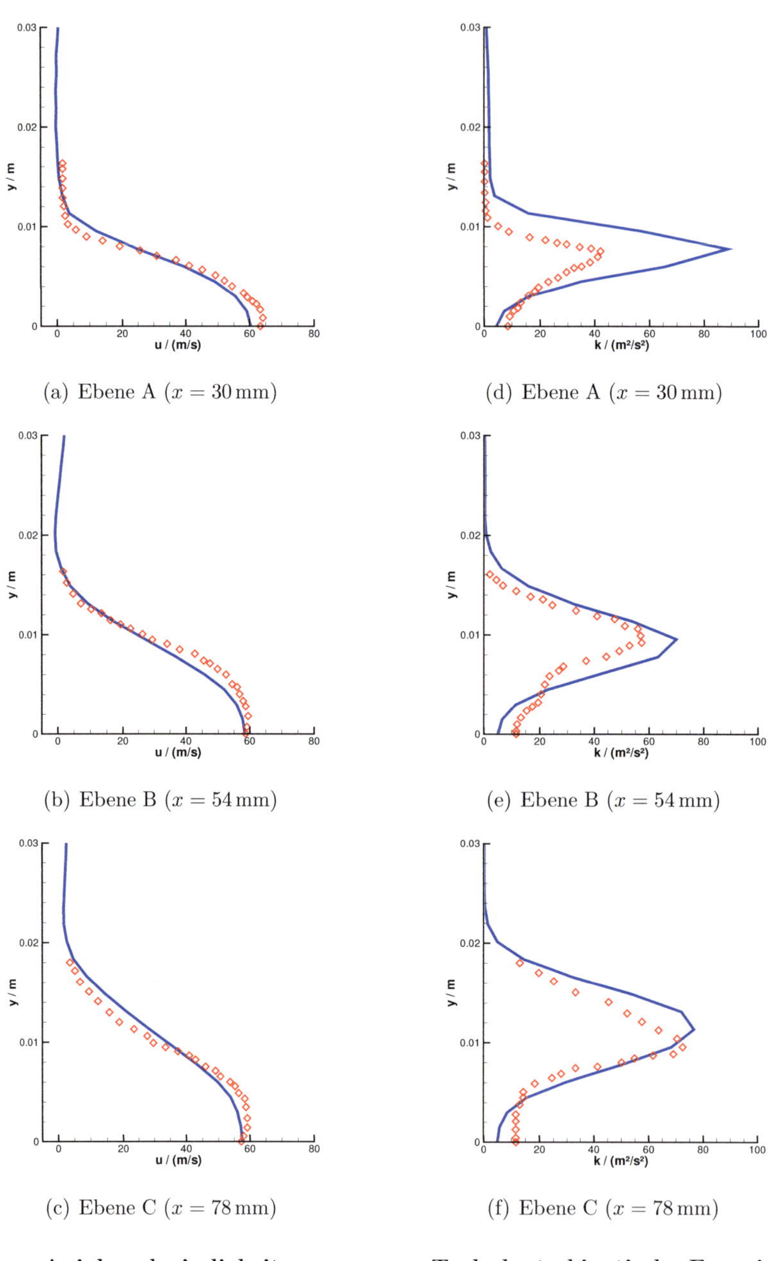

(a) Ebene A ($x = 30\,\mathrm{mm}$)   (d) Ebene A ($x = 30\,\mathrm{mm}$)

(b) Ebene B ($x = 54\,\mathrm{mm}$)   (e) Ebene B ($x = 54\,\mathrm{mm}$)

(c) Ebene C ($x = 78\,\mathrm{mm}$)   (f) Ebene C ($x = 78\,\mathrm{mm}$)

Axialgeschwindigkeit   **Turbulente kinetische Energie**

Abbildung 6.11: Vergleich der gemessenen (Punkte) und simulierten (Linie) Axialgeschwindigkeit und turbulenten kinetischen Energie in den Messebenen A bis C der Flamme F2

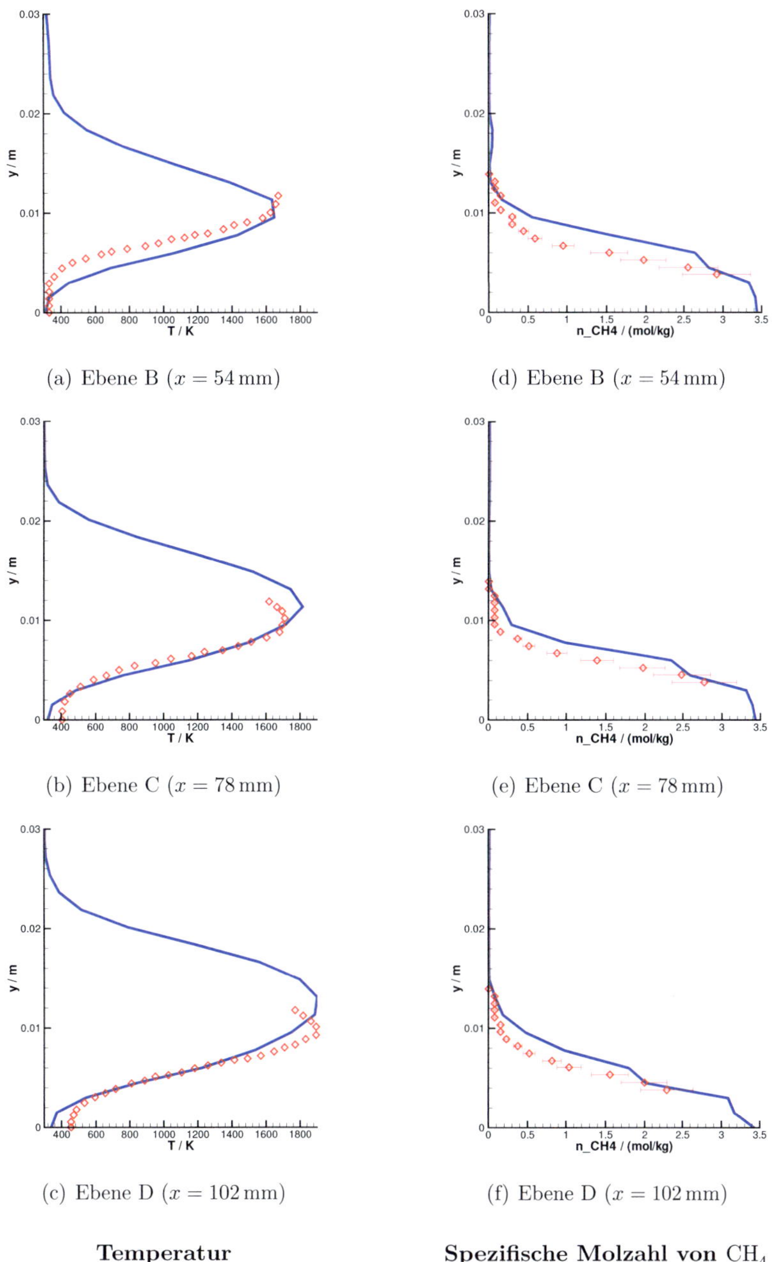

(a) Ebene B ($x = 54\,\text{mm}$)   (d) Ebene B ($x = 54\,\text{mm}$)

(b) Ebene C ($x = 78\,\text{mm}$)   (e) Ebene C ($x = 78\,\text{mm}$)

(c) Ebene D ($x = 102\,\text{mm}$)   (f) Ebene D ($x = 102\,\text{mm}$)

Temperatur   **Spezifische Molzahl von** CH_4

Abbildung 6.12: Vergleich des gemessenen (Punkte) und simulierten (Linie) Temperaturprofils und der spezifischen Molzahl des Brennstoffs in den Messebenen C bis E des Brenners im Betriebspunkt F2

balken entspricht der in der Literatur [26] angegebenen Messunsicherheit von 15 %. Auch für Flamme F2 sind keine Messdaten nahe der Symmetrieachse vorhanden. Die berechneten Profile passen qualitativ in allen drei Ebenen gut zu den experimentellen Daten. Im Bereich mittlere Abstände von der Symmetrieachse liegen die Simulationsergebnisse innerhalb der Messunsicherheit des Experiments. Lediglich in Bereichen etwas weiter weg von der Symmetrielinie ist ein geringer Unterschied zu den experimentellen Werten zu sehen. Ob in diesem Bereich kleiner Absolutwerte von CH_4 und somit auch geringerer Signalstärken im Experiment immer noch derselbe prozentuale Fehler auftritt wird in der Literatur nicht diskutiert, bleibt jedoch zumindest fraglich. Generell bleibt es somit schwierig die Güte der Simulationsergebnisse in diesem Bereich der Flamme zu beurteilen. Es bleibt festzuhalten, daß die Rechungen auch bei einer detaillierten Betrachtung der Profillinien eine sehr gute Übereinstimmung mit den experimentellen Daten zeigen.

Das abschließende Fazit der Validierungsrechnungen für den Betriebszustand F2 fällt ähnlich positiv aus wie für Flamme F1. Die qualitativen Verläufe sowohl der Temperatur, der spezifischen Molzahl von Methan, der Axialgeschwindigkeit als auch der turbulenten kinetischen Energie ließen sich sehr gut validieren. Die quantitativen Profile der genannten Größen passen ebenfalls über einen weiten Bereich der Flamme sehr gut zu den experimentellen Befunden. Abweichungen die ausserhalb der Messunsicherheit liegen sind bis zu einem gewissen Grad auf die unvermeidbaren Unsicherheiten bei der Festlegung der Randbedingungen zurückführen. Für die dargestellten Resulate konnte in allen Teilmodellen mit den aus der Literatur bekannten Standardparametern gerechnet werden. Insbesondere gilt dies für das Mischungsmodell im PDF Teil als auch für das Turbulenzmodell im CFD Teil, für welche keine Anpassungen der Modellparameter vorgenommen worden sind.

6.4 Ergebnisse für Flamme F3

Im dritten Betriebszustands des Brenners, der in der Literatur als Flamme F3 bezeichnet wird, ist die Austrittsgeschwindigkeit des Hauptgasstroms nocheinmal geringer als bei Flamme F2. Sie beträgt nur noch $30\,\frac{m}{s}$. Damit ist die Reynoldszahl am geringsten und die turbulente Damköhlerzahl am größten von allen drei untersuchten Flammen.

Auch für diese Flamme sollen zunächst Farbverlaufsdiagramme der Axialgeschwindigkeit und der Temperatur aus Experiment und Simulation miteinander verglichen werden. Abbildung 6.13 zeigt zunächst die Axialgeschwindigkeit in einem Schnitt durch die x,y-Ebene des Brenners. Der Wert der Axialgeschwindigkeit ist als Farbverlauf dargestellt. Oberhalb der schwarzen Linie bei positiven y-Werten sind die Simulationsdaten aufgetragen und unterhalb der schwarzen Linie die Messdaten. Ein Vergleich zeigt, dass die Ergebnisse sowohl qualitativ als auch quantitativ sehr gut übereinstimmen. Die leichte Aufweitung der Hauptgasströmung stromab wird korrekt dargestellt und auch in radialer Richtung kann im gesamten Bereich das Geschwindigkeitsprofil gut wiedergegeben werden. Ähnlich gut

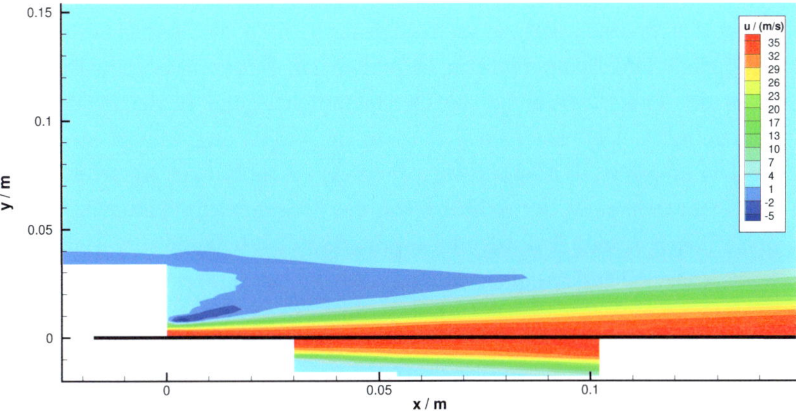

Abbildung 6.13: Farbverlauf der Axialgeschwindigkeit für F3 (Experiment unten, Simulation oben)

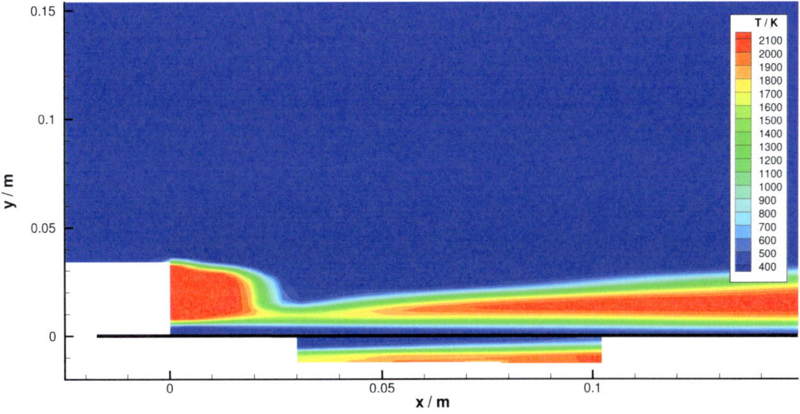

Abbildung 6.14: Farbverlauf der Temperatur für F3 als Vergleich von Experiment (unten) und Simulation (oben)

läßt sich auch das Temperaturfeld der Flamme in der Simulation darstellen. In Abbildung 6.14 ist der Vergleich der Simulationsergebnisse und der experimentellen Daten gezeigt. Beide Farbverläufe stimmen sehr gut miteinander überein. Der Beginn der Hauptflamme wird richtig vorhergesagt. Er sitzt auf Grund der geringeren Austrittsgeschwindigkeit im Vergleich zu F1 und F2 näher an der Austrittsebene des Brenners bei etwa $x = 0,05$ m. Um die Simulationsdaten im Detail besser mit den experimentellen Werten vergleichen zu können sind im folgenden wieder Profillinien verschiedener Größen aus Simulation und

Messung gegeneinander aufgetragen. Die Diagramme zeigen jeweils Ebenen die parallel zur Austrittsebenen des Brenners liegen. In Abbildung 6.15 ist ein Vergleich der Profile von Axialgeschwindigkeit und Temperatur in verschiedenen Höhen über dem Brenneraustritt aufgetragen. In der linken Spalte ist die Geschwindigkeit und in der rechten Spalte die Temperatur abgebildet. Die einzelnen Zeilen stellen jeweils eine Messebene oberhalb des Brenners dar. Der angegebene Abstand entspricht dem Abstand zur Austrittsfläche. Aufgetragen in den Diagrammen ist der Abstand von der Symmetrielinie über der untersuchten Größe. In den Ebenen A und B passen die simulierten Geschwindigkeitsprofile sehr gut zu den Messergebnissen. Es sind lediglich miminale Abweichungen zu beobachten. In der letzten Ebene C gibt es bei Radien größer als $0,01\,\mathrm{m}$ eine geringe Diskrepanz zwischen dem aus der Simulation erhaltenen und dem gemessenen Geschwindigkeitsverlauf. Der rechts dargestellte Temperaturverlauf passt in den Ebenen B und C nahe zu exakt zu den gemessenen Profilen. Geringe Abweichungen zeigen sich lediglich in einem leicht zu großen Maximalwert in Ebene C und in einer etwas zu großen Temperatur bei kleinen Radien in Ebene B. In Messebene A hingegen ist die Abweichung zwischen Experiment und Simulation deutlich größer. Zwar passt der Profilverlauf qualitativ sehr gut zu den Messergebnissen, quantitativ ist jedoch doch eine deutliche Abweichung festzustellen. Hier wirken sich die vorhandenen Unsicherheiten bei der Bestimmung der experimentellen Randbedingungen und ihren Adaption für die Simulationen deutlich aus. So spielt möglicherweise der bereits im vorherigen Abschnitt angeführte Wärmeverlust am Brennerkopf eine wesentliche Rolle.

Die nächste Abbildung soll verdeutlichen, dass zusätzlich zu den bisher dargestellten Größen mit dem in dieser Arbeit entwickelten Simulationsmodell noch die Verteilung aller weiterer Spezies berechnet werden kann. Prinzipiell lassen sich Werte für alle im detaillierten Reaktionsmechnismus vorkommende Spezies bestimmen. Ausgewählt wurden ein paar wenige für die zusätzlich Messdaten vorhanden sind. Abbildung 6.16 stellt die Profile der spezifischen Molzahl von CH_4, O_2 und H_2O dar. Die linke Spalte zeigt radiale Profile in Ebene B, die rechte Spalte radiale Profile in Ebene C. Die einzelnen Zeilen zeigen jeweils eine der Größen. Aufgetragen ist in jeder Einzelabbildung der radiale Abstand von der Symmetrielinie über der spezifischen Molzahl der jeweiligen Größe. Die Ergebnisse der Simulationsrechnungen sind als Linie eingezeichnet und die Punkte stellen die Messdaten dar. Die eingezeichneten Fehlerbalken bei den experimentellen Werten entsprechen der in der Literatur angeführten experimentellen Unsicherheit von 15%. Betrachtet man zunächst das Profil von CH_4 so liegt der berechnete Verlauf bei nahezu allen Messpunkten innerhalb der experimentellen Unsicherheit. Lediglich kleine Unterschiede sind zu beobachten. Das Methanprofil ergibt sich als Überlagerung des Effekts der Lufteinmischung von außen und des Abbaus von Methan durch die Reaktion. Ganz ähnlich sieht dies bei dem in der zweiten Zeile dargestellten Sauerstoffprofil aus. Es folgt ebenfalls aus dem Verbrauch von Sauerstoff durch die chemische Reaktion und der Einmischung aus der Umgebungsluft. Die simulierten Werte liegen ebenfalls für nahezu alle Punkte innerhalb des experimentell bestimmten Bereichs.

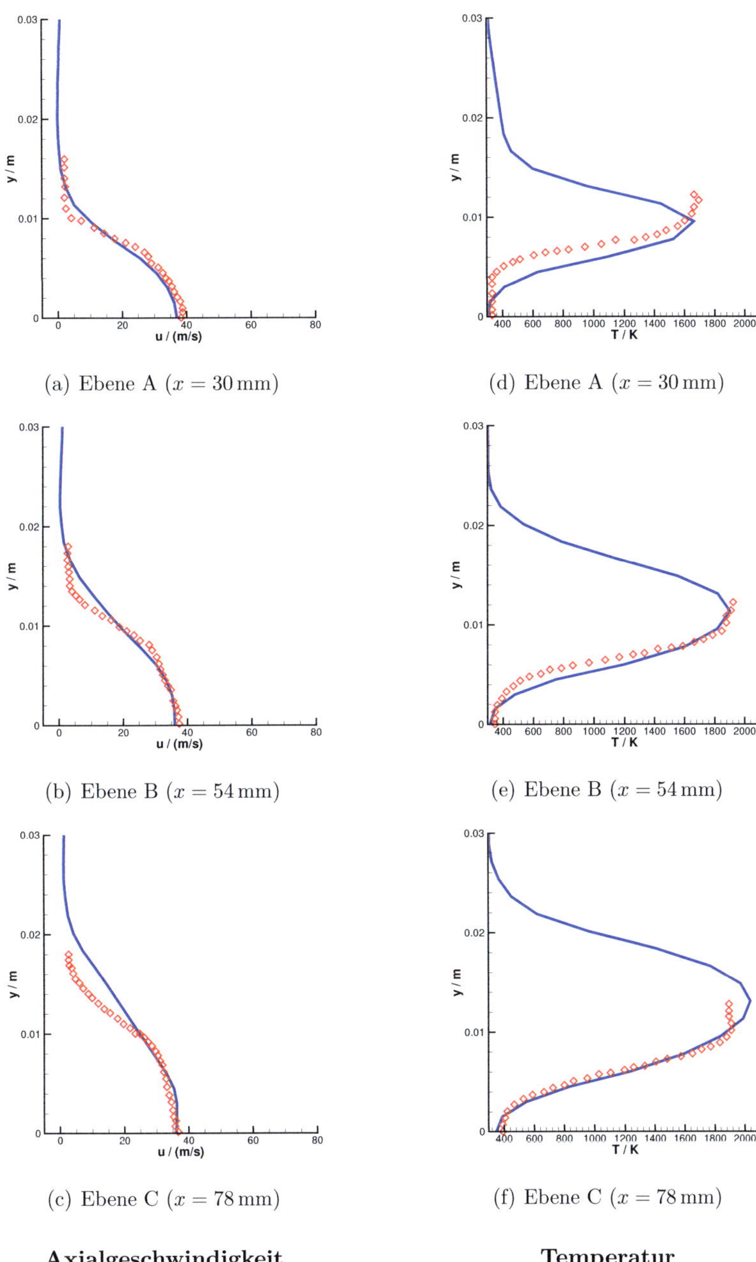

(a) Ebene A ($x = 30\,\mathrm{mm}$)   (d) Ebene A ($x = 30\,\mathrm{mm}$)

(b) Ebene B ($x = 54\,\mathrm{mm}$)   (e) Ebene B ($x = 54\,\mathrm{mm}$)

(c) Ebene C ($x = 78\,\mathrm{mm}$)   (f) Ebene C ($x = 78\,\mathrm{mm}$)

Axialgeschwindigkeit   **Temperatur**

Abbildung 6.15: Vergleich der gemessenen (Punkte) und simulierten (Linie) Axialgeschwindigkeit und der Temperatur in den Messebenen A bis C der Flamme F3

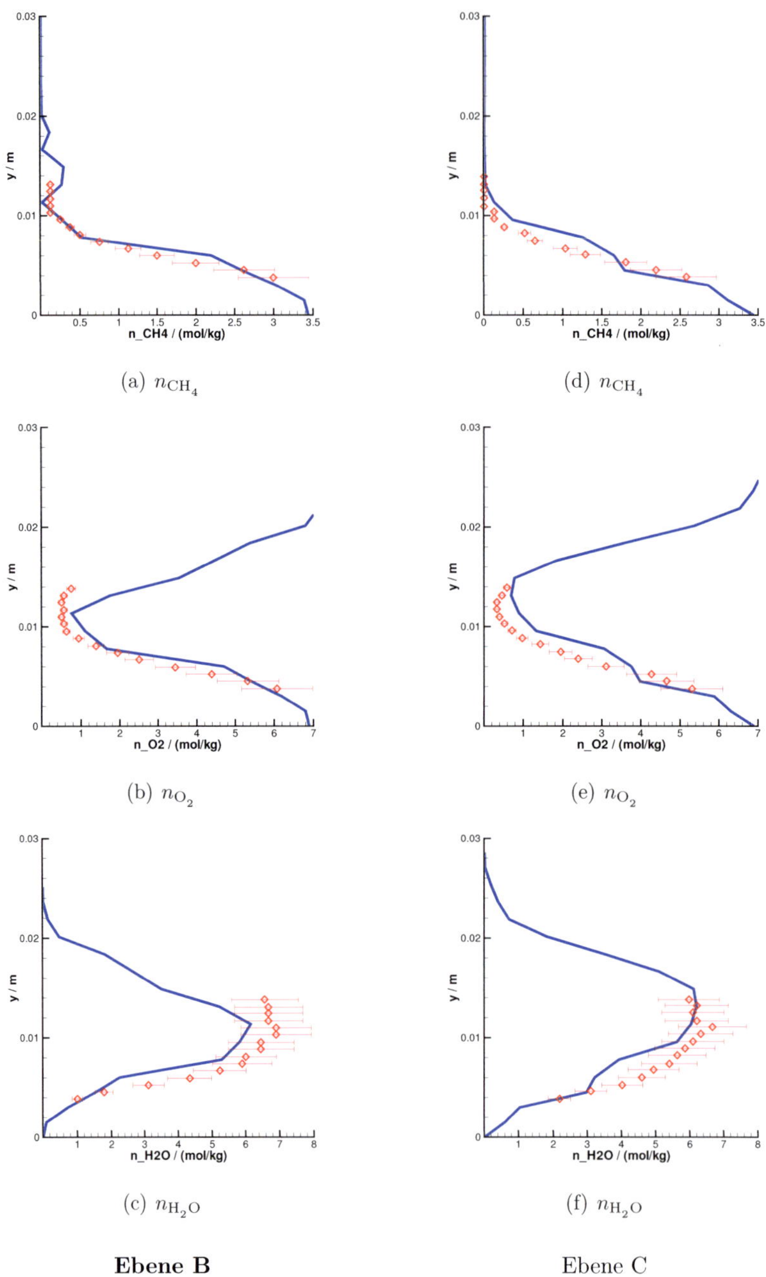

Abbildung 6.16: Vergleich der gemessenen (Punkte) und simulierten (Linie) spezifischen Molzahl verschiedener Skalare in den Messebenen B und C für Flamme F3

Jedoch zeigen sich analog zum Verlauf von Methan auch hier kleine Unterschiede zwischen Simulation und Experiment. Die in der letzten Zeile dargestellte spezifische Molzahl von Wasser ist eine Kenngröße für den Reaktionsfortschritt. Er wird in beiden dargestellten Ebenen richtig berechnet. Das durch Simulation bestimmte H_2O Profile ist generell etwas niedriger als der gemessene Verlauf. Allerdings liegen die berechneten Werte noch innerhalb der experimentellen Unsicherheit.

Als Fazit bleibt festzuhalten, dass sich auch die Flamme F3 sowohl qualitativ als auch quantitaiv sehr gut durch das in dieser Arbeit entwickelte Simulationsmodell beschreiben läßt. Dies gilt grundsätzlich für alle Höhen über dem Brenneraustritt und auch für nahezu alle betrachteten Größen. Das Modell eignet sich also prinzipiell zur Berechnung vorgemischter Flammen und konnte mit den gezeigten Fällen F1 bis F3 über einen weiten Reynolds- und Damköhlerzahlbereich validiert werden.

Kapitel 7

Simulation des verbrennungsinduzierten Wirbelaufplatzen

Die Validierungsrechungen in den beiden vorherigen Kapiteln zeigen, dass es mit dem in dieser Arbeit entwickelten Modell grundsätzlich möglich ist statistisch stationäre turbulente Flammen zu simulieren. Dies gilt sowohl für vorgemischte als auch für nicht-vorgemischte Systeme. Der Strömungszustand der untersuchten Flammen umfasst dabei einen weiten Bereich unterschiedlicher Turbulenzgrade und Verhältnisse von chemischen und physikalischen Zeitskalen. Die Übereinstimmung mit den experimentellen Daten war in allen Fällen sehr gut. Nun soll gezeigt werden, dass sich das entwickelte Modell prinzipiell auch zur Beschreibung instationärer Prozesse in turbulenten Flammen eingesetzt werden kann. Als Beispiel für einen instationären Prozess wurden Flammenrückschläge durch verbrennungsinduziertes Wirbelaufplatzen [44, 70] untersucht. Dieses Phänomen kann in vorgemischten Drallflammen auftreten, die nahe an der mageren Löschgrenze betrieben werden. Technisch relevant sind solche Flammen insbesondere bei modernen schadstoffarmen Brennerkonzepten für Gasturbinen wie zum Beispiel LPP[1] Brennern. Das verbrennungsinduzierte Wirbelaufplatzen führt dabei dazu, dass die Flamme bei Schwankung der Betriebsparameter von ihren stabilen Betriebspunkt in der Brennkammer sehr rasch und unaufhaltsam in die Vormischstrecke des Brenners wandert. Dort kann die Flammeneinwirkung zu massiven Schäden bis hin zur vollständigen Zerstörung des technischen Systems führen.

Das folgende Kapitel fasst zunächst einige Grundlagen zur Phänomenologie des verbrennungsinduzierten Wirbelaufplatzens zusammen und stellt das untersuchte Brennersystem dar. Dabei handelt es sich um ein eng an reale Brennersysteme angelehntes Modellsystem. Die beiden folgenden Abschnitte des Kapitels zeigen dann eine detaillierte Untersuchung eines exemplarisch ausgewählten Rückschlagspunktes und eine Parameterstudie über den

---

[1]Lean Premixed Prevaporized

Einfluss einiger relevanter Betriebsparameter auf das Rückschlagverhalten der Flamme. Hier kann ein Bereich stabiler Betriebspunkte in den Simulationen indentifiziert werden. Dieser Bereich wird dann mit dem experimentell ermittelten Stabilitätsbereich verglichen.

7.1   Ursachen und Erscheinungsformen von Flammenrückschlägen

Grundsätzlich besteht bei vorgemischten Systemen immer die Gefahr von Flammenrückschlägen, da sich eine Flamme stromauf der Brennkammer in allen Bereichen, in welchen Brennstoff und Luft bereits gemischt sind, etablieren kann. Die Mechanismen, die zu einem Rückschlagen der Flamme führen, können jedoch je nach den speziellen Gegebenheiten des betrachteten Anwendungsfalls sehr verschieden sein. Eine gute Übersicht über die denkbaren Mechanismen findet sich in [137]. Dort werden einzelne Möglichkeiten wie es zu einem Flammenrückschlag kommen kann im Detail diskutiert. Die dort zusammengefassten Punkte sind im folgenden kurz dargestellt.

- **Flammenrückschlag durch Selbstzündung**

  Selbstzündung geschieht ohne vorherige Existenz einer Flamme dadurch, dass die Verweilzeit der Brennstoff/Luft Mischung größer als die Zündverzugszeit wird und es so zu Selbstzündung in der Vormischstrecke kommt. Die Zündverzugszeit hängt maßgeblich von der lokalen Temperatur, dem Druck und der Luftzahl ab (z.B. [161]).

- **Flammenrückschlag in Grenzschichten**

  In Grenzschichten kann die Strömungsgeschwindigkeit so gering werden, dass es zu einem Stromaufpropagieren der Flamme entlang zum Beispiel der Grenzschicht einer Wand kommen kann. Dieser Effekt ist durch Flammenlöschen in Folge von Quenching begrenzt. Die Arbeiten von Lewis und von Elbe [76] formulieren ein Kriterium bestehend aus dem Geschwindigkeitsgradient an einer Wand und dem minimalen Abstand (Quenchabstand) von einer Wand bei dem eine Flamme noch existieren kann und treffen somit Vorraussagen ob es zum Flammenrückschlag in einer Wandgrenzschicht kommen kann. Dieser Effekt tritt vorwiegend bei drallfreien niedrig turbulenten Strömungen [45] oder lagsamen katalytischen Verbrennungen auf [121].

- **Turbulente Flammenausbreitung in der Kernströmung**

  Hierzu kann es kommen wenn die lokale turbulente Brenngeschwindigkeit s_T größer als die lokale Strömungsgeschwindigkeit wird. Die turbulente Brenngeschwindigkeit nimmt mit steigender Turbulenzintensität zu. Eine Möglichkeit diesen Effekt zu erklären liegt in der Vorstellung, dass die Oberfläche einer turbulenten Flammenfront durch die Turbulenzballen der Strömung gestreckt und gekrümmt wird und dadurch deutlich größer als bei einer laminaren Flamme ist. Eine größere Flammenfrontoberfläche führt vereinfacht gesagt zu einem schnellern Umsatz des Brennstoffs pro Zeit- und Volumeneinheit und somit zu einer höheren Brenngeschwindigkeit. Beobachtbar ist dieser Effekt zum Beispiel in hochturbulenten Drallflammen. Dort kann in bestimmten Bereichen die turbulente Brenngeschwindigkeit größer als die mittlere Ausströmgeschwindigkeit des Brenners werden, was zu einem Flammenrückschlag zum Beispiel auf der Brennerachse führen kann [53].

- **Flammenrückschlag durch (akustische) Verbrennungsinstabilitäten**
  Verbrennungsinstabilitäten entstehen durch die Kopplung des Temperaturanstiegs in Folge der Verbrennung, Druckfluktuationen und der Hydrodynamik der Strömung. Die durch eine Instabilität verursachten Geschwindigkeitsfluktuationen können leicht in der Größenordung der mittleren Strömungsgeschwindigkeit liegen und somit zu einem transienten Flammenrückschlag während eines Schwingungszyklus führen. Ein klassisches Beispiel hierfür ist eine turbulente vorgemischte Flamme hinter einer Stufe wo kohärente Strukturen den Rückschlag bestimmen [45,120,154]. Jedoch ist ein sehr hohes Maß an Fluktuationen für einen so verursachten Rückschlag nötig. Der dazu notwenigen Schallpegel liegt weit über dem akzeptablen Lärmpegel in den meisten Verbrennungssystemen.

- **Flammenrückschlag durch Wirbelzerfall**
  Das Verhalten von drallbehafteten Strömungen ist durch verschiedene Phänomene gekennzeichnet. Einer davon ist der Wirbelzerfall (das Wirbelaufplatzen). Zu einem Zerfall eines Wirbels kommt es, wenn seine azimutale Geschwindigkeit größer als seine axiale Geschwindigkeit ist. Dieser komplexe und hochgradig dreidimensionale Effekt tritt bei hohen Drallzahlen und hohen Reynoldszahlen auf. In Brennkammern entsteht so eine große Rezirkulationszone mit hohen negativen axialen Strömungsgeschwindigkeiten. In drallstabilisierten Flammen kann dies ein Stromaufpropagieren der Flamme und einen Flammenrückschlag begünstigen. Diese Art des Flammenrückschlags wurde an verschiedenen Drallbrennern experimentell beobachtet (u.a. [45,53]).

Für einen sicheren und störungsfreien Betrieb muss in technischen Anwendungen dafür gesorgt werden, dass es nicht zu Flammenrückschlagen kommen kann. Bei manchen moderen Brennerkonzepten für schadstoffarme Verbrennung (z.B. LPP, Lean Premixed Prevaporized) kann das Problem auftreten, dass die dort verwendeten mageren vorgemischten Drallflammen Flammenrückschläge zeigen, die nicht einer der oben genannten Kategorien zugeordnet werden können. Die Flammen werden aerodynamisch durch einen definiert erzwungen Wirbelzerfall der Strömung am Brennkammereintritt stabilisiert. Bei leichter Anfettung solch einer Flamme ausgehend von einem (stabilen) mageren Betriebspunkt kann es zu einem Rückschlagen der Flamme in die Vormischstrecke kommen. Veranschaulicht ist dies in Abbildung 7.1 anhand eines vereinfachten Modells eines solchen Brenners. Das Brennersystem besteht im wesentlichen aus drei Teilen: einem Plenum, einer Vormischstrecke und der Brennkammer. Die Hauptströmungsrichtung ist in der Abbildung von links nach rechts. Dem Plenum wird ein perfekt vorgemischtes Brennstoff/Luft Gemisch zugeführt, welches anschließend über einen Drallrezeuger in die Vormischstrecke hinein strömt. Am Ende der Vormischstrecke kommt es durch den Querschnittsprung und die ausreichend hohe Drallzahl zu einem Aufweiten der Hauptströmung. Ist, wie hier dargestellt, die Drallzahl ausreichend hoch, kommt es zu einem Wirbelaufplatzen, das heißt durch die Zentrifugalkraft wird das Fluid nach außen hin weg von der Brennerachse gedrückt, die Dichte sinkt lokal auf der Brennerachse ab und es entsteht eine entgegen der Hauptströmung gerichtete Ausgleichsströmung. In dieser Rückströmzone (geschlossenen Rückströmblase) sammelt sich heißes Abgas welches kontiuierlich dem aus der Vormischstrecke ausströmenden Frischgas zugemischt wird und somit für ein stabiles Brennen der Flamme sorgt. Wird die Luftzahl der Flamme nun ausgehend von diesem stabilen Betriebspunkt aus abgesenkt (Anfettung) so kommt es bei Unterschreiten einer kritischen Luftzahl zum Rückschlagen der Flamme in die Vormischstrecke. Dabei handelt es sich um einen inhärent transienten Prozess. Die Flamme bleibt nicht an einer Stelle in der Vormischstrecke stehen sondern schlägt bis an den Drallerzeuger zurück und stabilisiert sich erst dort wieder durch einen anderen Mechanismus. Der Rückschlag erfolgt unmittelbar auf der Brennerachse mit einer Geschwindigkeit, die um etwa eine Größenordung oberhalb der lokalen turbulenten Brenngeschwindigkeit liegt, was einen Rückschlag in Folge turbulenter Flammenausbreitung in der Kernströmung ausschließt. Ebenfalls zeigt sich in experimentellen Untersuchungen, dass keine akustischen Instabilitäten zu beobachten sind [44, 70]. Das Wirbelaufplatzen der isothermen Strömung und der Strömung mit magerer Flamme findet in der Brennkammer statt. Erst beim Anfetten kommt es zu der Bewegung der Flamme in die Vormischstrecke hinein. Somit handelt es sich auch nicht um den oben beschriebenen Flammenrückschlag durch (isothermen) Wirbelzerfall. Als Abgrenzung davon wird dieser Rückschlagmodus als *verbrennungsinduzierter* Wirbelzerfall (CIVB[2]) bezeichnet [44, 70].

7.2 Zielsetzung der numerischen Untersuchung

Aufbauend auf bereits in der Literatur vorhandenen Arbeiten soll eine Hypothese für die Entstehung der Rückschläge anhand numerischer Untersuchungen verifiziert werden. Die unter anderem in [44,67,68] aufgestellte Hypothese besagt, dass die durch den starken Dichtegradienten an der Flammenfront produzierte azimutale Wirbelstärke den verbrennungsinduzierten Wirbelzerfall einleitet und somit zum Flammenrückschlag führt. Die azimutale Wirbelstärke verursacht einen entgegen der Hauptströmungsrichtung zeigenden (negativen) Impuls auf die Rückströmzone. Je größer der Dichtegradient an der Flammenfront ist,

---

[2]von englisch: Combustion Induced Vortex Breakdown

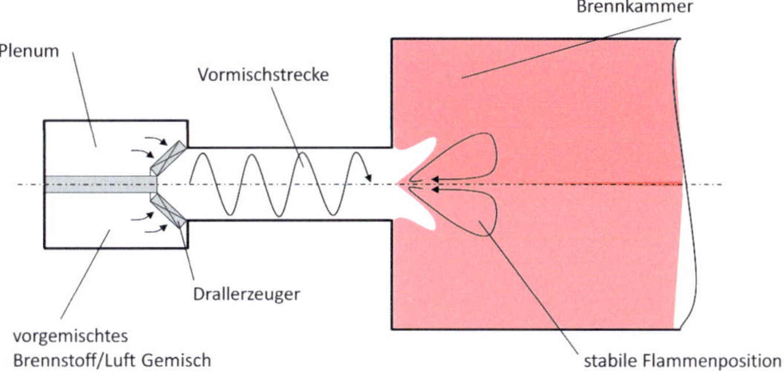

(a) Flammenposition in einem stabilen Betriebspunkt (mager)

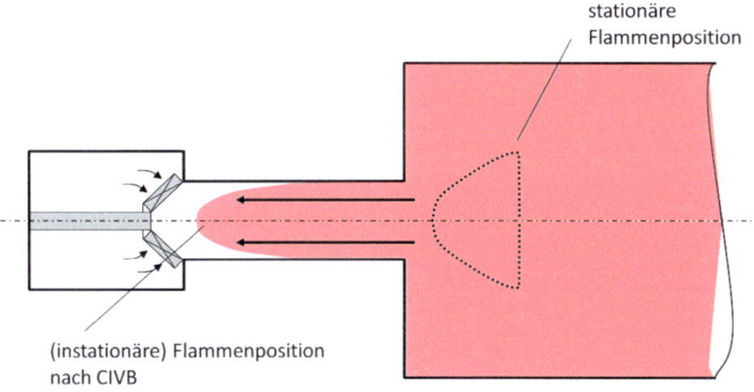

(b) Flammenposition nach einem Rückschlag (ausgelößt durch anfetten)

Abbildung 7.1: Schematische Darstellung eines durch CIVB verursachten Flammenrückschlags

desto größer wird auch der negative Impuls auf das Rückströmgebiet. Ist der Dichtegradient hinreichend groß, oder gleichbedeutend die Flamme hinreichend fett, überwiegt der induzierte Impulsstrom den Impuls der Hauptströmung und es kommt zum Stomaufpropagieren der Flamme.

Die Hypothese stüzt sich auf Untersuchungsergebnisse an isothermen Drallströmungen, die das entstehen des Wirbelzerfalls und des damit einhergehenden Staupunkts untersuchen [21, 33, 40, 55, 74, 83]. Parameterstudien sollen den Einfluss globaler Betreibsparameter (wie z.B. der Vorwärmtemperatur des Brennstoff/Luft Gemisches und der thermische Leistung des Brenners) auf das kritische Luftverhältnis, bei welchen es zu einem Flammenrückschlag durch verbrennungsinduzierten Wirbelzerfall kommt, zeigen.

Die numerische Simulation des verbrennungsinduzierten Wirbelzerfalls stellt einen sehr herausfordernden Testfall für das in dieser Arbeit entwickelte Modell dar. So muss das mittlere Strömungsfeld einer Drallflamme berechnet werden, die komplexe Interaktion von Chemie und Turbulenz, die wichtig für das auftreten von CIVB ist, detailliert modelliert werden und die chemische Kinetik muss auch nahe der mageren Löschgrenze noch gut beschrieben werden.

7.3   Gittergenerierung und Randbedingung

Die numerischen Simulationen zum verbrennungsinduzierten Wirbelaufplatzen wurden an einer experimentell im Detail untersuchten Modellbrennkammer durchgeführt [44, 70]. Der prinzipielle Aufbau des Brenners entspricht dem in Abbildung 7.1 dargestellten Schema. Die Vormischstrecke hat eine Länge von $l_V = 0,22\,\mathrm{m}$ und die Brennkammer eine Länge von $l_{BK} = 0,5\,\mathrm{m}$. Der Durchmesser von Brennerkammer und Vormischstrecke beträgt jeweils $d_{BK} = 0,225\,\mathrm{m}$ und $d_V = 0,075\,\mathrm{m}$. Die Position des Rechengitters ist in Abbildung 7.2 zu erkennen. Lediglich Vormischstrecke und Brennkammer wurden vernetzt. Hierfür wurde ein

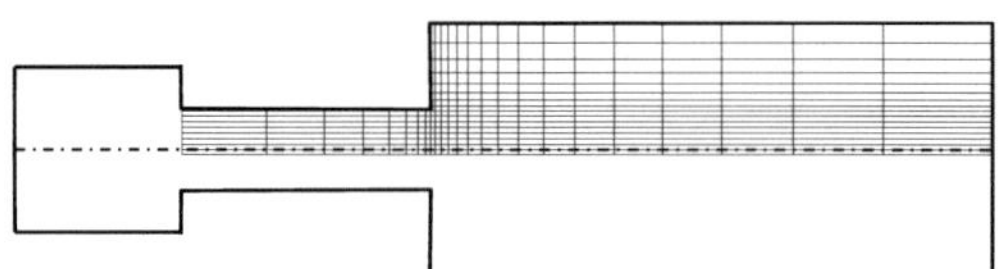

Abbildung 7.2: Position des Rechengitters

zweidimensionales achsensymmetrisches Gitter mit 1280 Zellen in der feinsten Gitterebene verwendet. Der Übersichtlichkeit halber zeigt die Abbildung nur jede zweite Gitterlinie. Um den Effekt des sich unmittelbar vor der Vormischstrecke befindlichen Drallerzeugers (Abbildung 7.1) richtig zu berücksichtigen wurden als Einlassrandbedingungen radiale Profile der mittleren Geschwindigkeit und der Turbulenzgrößen benutzt. Die Daten hierzu stammen

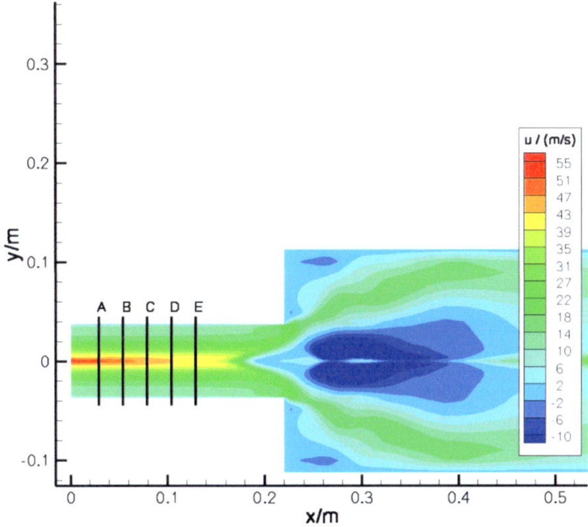

Abbildung 7.3: Lage der Messebenen für die Axial- und Tangentialgeschwindigkeit in der Brennkammer (A: $x = 29\,\mathrm{mm}$; B: $x = 54\,\mathrm{mm}$; C: $x = 79\,\mathrm{mm}$; D: $x = 104\,\mathrm{mm}$; E: $x = 129\,\mathrm{mm}$)

aus detaillierten dreidimensionalen Simulationen des vollständig vernetzten Brennersystems einschließlich des Drallerzeugers und des Plenums. Die jeweils verwendeten Einlassprofile können der Literatur entnommen werden [67, 68] und sind in Anhang C dargestellt.

Die Validität der Methodik der systematischen Übertragung und der Verwendung der Resultate einer dreidimensionalen Strömungsrechung als Randbedingungen für die zweidimensionalen numerischen Untersuchungen des Flammenrückschlags wurde von Kiesewetter et al. [68] gezeigt und konnte, wie die folgenden Abschnitte zeigen, auch in dieser Arbeit erfolgreich eingesetzt werden. Vorteilhaft sind insbesondere die deutlich kürzeren Rechenzeiten an diesem geometrisch einfacherem Rechenmodell, die umfangreiche Parameterstudien ermöglichen. Der Einfluss der Variation von drei globalen Betriebsparametern wurde untersucht. In einzelnen sind dies das Luft/Kraftstoffverhältnis λ, der durch die Brennkammer strömende Gesamtmassenstrom und die Vorwärmtemperatur des Brennstoff/Luft Gemisches bei Eintritt in die Vormischstrecke.

7.4 Detailierte Analyse eines Flammenrückschlags

Vor der detaillierten Untersuchung eines Flammenrückschlags soll zunächst das isotherme Strömungsfeld in der Brennernkammer simuliert werden. Zur Validierung der Strömungsrechnung werden die mittleren Strömungsgeschwindigkeiten mit Messdaten verglichen. Als globale Betriebsparameter sind ein Einlassmassenstrom von $70\,\frac{\mathrm{g}}{\mathrm{s}}$ und eine Vorwärmtemperatur der Luft von $298\,\mathrm{K}$ verwendet worden. Die Abbildung 7.3 zeigt als Farbverlauf die Axialgeschwindigkeit in der Brennkammer. Simuliert wurde lediglich der Teil oberhalb der Symmetrieachse, der untere Teil wurde zur besseren Übersichtlichkeit durch Spiegeln der Resultate hinzugefügt. Die Simulation wurde für den nicht-reagierenden Fall durchgeführt. Rein qualitativ ist die große geschlossene Rückströmzone zu beobachten, die an einem Staupunkt auf der Symmetrieachse am Ende der Vormischstrecke beginnt. Im reagierenden Fall wird sich durch das in dieser Zone befindliche heiße, verbrannte Abgas die Flamme stabilisieren können. In den fünf mit den Buchstaben A bis E gekennzeichneten Ebenen sind Messdaten für die mittlere Umfangs- und Axialgeschwindigkeit vorhanden [44,70]. Ein Vergleich von gemessenen und simulierten Geschwindigkeitsprofilen ist für die verschiedenen Ebenen in Abbildung 7.4 und 7.5 dargestellt. In allen Abbildungen ist die Tangentialgeschwindigkeit oder Axialgeschwindigkeit über dem Radius aufgetragen. In der linken Spalte befindet sich jeweils das Diagramm der Axialgeschwindigkeit auf der rechten Seite das zugehörige Profile der Umfangsgeschwindigkeit. Die unterschiedlichen Zeilen in den beiden Abbildungen stehen für die verschiedenen Ebenen. Die roten Punkte markieren die Messwerte, die blauen Linien stellen die Resultate der Simulationsrechnung dar. Für die Axialgeschwindigkeit zeigt sich über alle Ebenen hinweg eine sehr gute Übereinstimmung der Ergebnisse der Simulation mit den experimentellen Daten. Lediglich nahe der Symmetrieachse (bei $y = 0\,\mathrm{m}$) ist eine Abweichung zu erkennen, die mit zunehmender Lauflänge in der Vormischstrecke zunimmt. Die simulierte Geschwindigkeit ist dort etwas zu gering. Eine mögliche Ursache hierfür könnte das verwendetet Zweigleichungsmodell sein. Zweigleichungsmodelle führen in Drallströmungen oft zu einer Überschätzung der turbulenten kinetischen Energie was zu einem abflachen der lokalen Geschwindigkeitsgradienten führt. Die Tangentialkomponente wird ebenfalls sehr gut durch die Simulation wiedergegeben. Jedoch kann die leichte Überhöhung der Tangentialgeschwindigkeit in den ersten vier Messebenen im Bereich der Symmetrieachse nicht richtig wiedergegeben werden. Die dort zu erkennenden zu starke Dissipation der Umfangsgeschwidigkeit wird vermutlich ebenfalls durch das verwendete Zweigleichungsturbulenzmodell verursacht. Diese Modelle verhalten sich wie oben angedeutet und vielfach in der Literatur beschrieben bei Drallströmungen, die in der Regel einen komplexen dreidimensionalen Turbulenzzustand mit nicht verschwindenen Normalspannungen haben, meist so, dass sie eine zu starke Abnahme der Umfangsgeschwidigkeit vorraussagen. Dies ist hier ebenfalls zu beobachten. Dieses Defizit muss aber, da aus rechenzeitgründen keine höherwertigen Turbulenzmodelle zum Einsatz kommen sollen, akzeptiert werden. Allerdings ist er für die Voraussage und Untersuchung des Rückschlagverhaltens des Brenners wahrscheinlich von untergeordneter Bedeutung. Die für den Rückschlag verantwortlichen wirbeldynamischen Prozesse finden erst deutlich hinter der letzten dargestellten Messebene im Übergangsbereich zwischen Vormischstrecke und Brennkammer statt. Wie die letzte vorhandene Messebene E vermuten lässt wird dort das Profil der Umfangsgeschwindigkeit richtig wiedergegeben. In der letzten Messebene ist auch

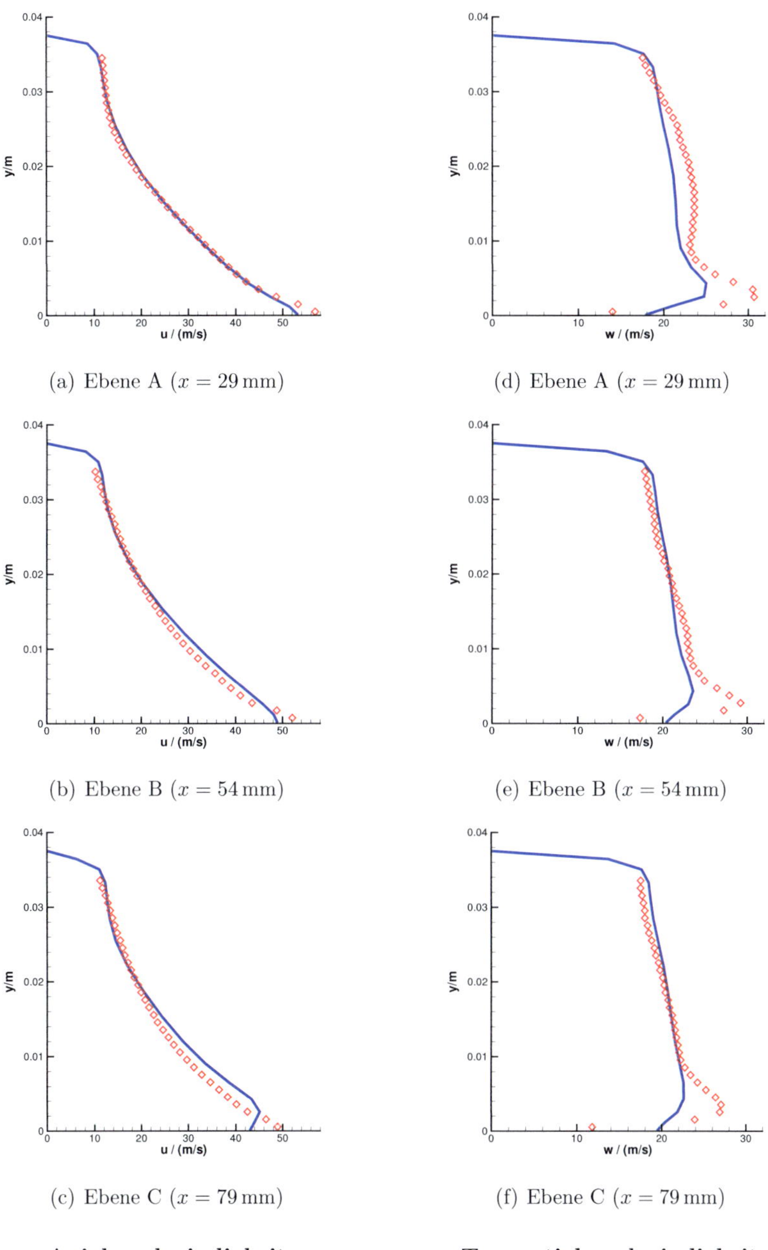

(a) Ebene A ($x = 29\,\mathrm{mm}$)   (d) Ebene A ($x = 29\,\mathrm{mm}$)

(b) Ebene B ($x = 54\,\mathrm{mm}$)   (e) Ebene B ($x = 54\,\mathrm{mm}$)

(c) Ebene C ($x = 79\,\mathrm{mm}$)   (f) Ebene C ($x = 79\,\mathrm{mm}$)

Axialgeschwindigkeit   **Tangentialgeschwindigkeit**

Abbildung 7.4: Vergleich der gemessenen (rote Punkte) und simulierten (blaue Linie) Axial- und Tangentialgeschwindigkeitsprofile in den Messebenen A bis C in der Vormischstrecke

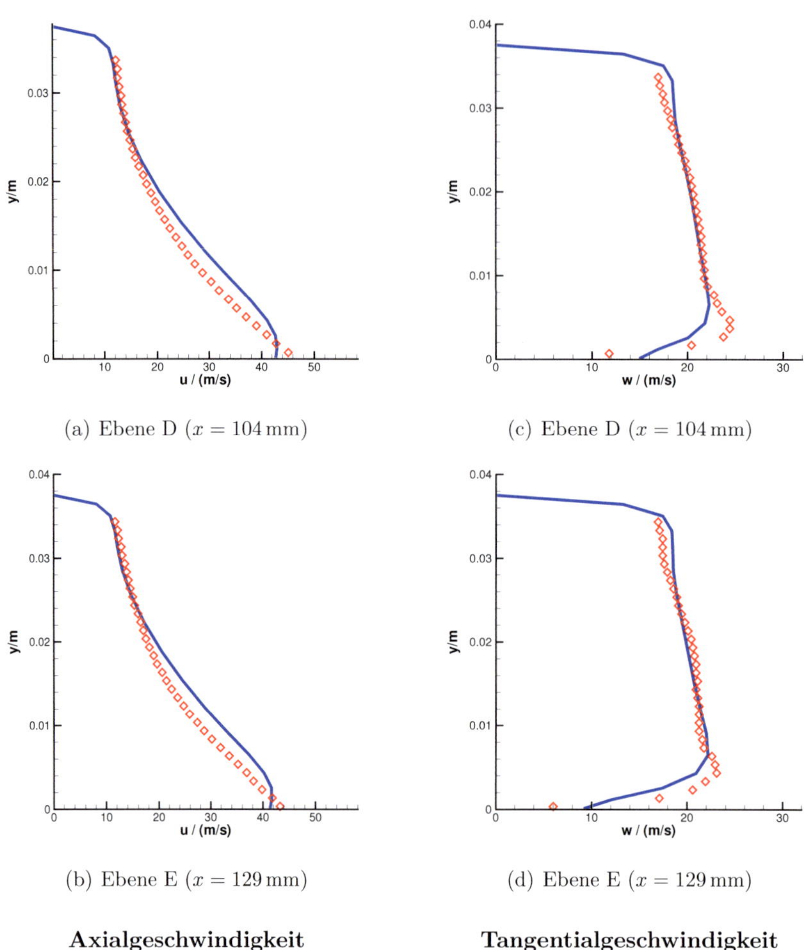

(a) Ebene D ($x = 104\,\mathrm{mm}$)   (c) Ebene D ($x = 104\,\mathrm{mm}$)

(b) Ebene E ($x = 129\,\mathrm{mm}$)   (d) Ebene E ($x = 129\,\mathrm{mm}$)

Axialgeschwindigkeit   **Tangentialgeschwindigkeit**

Abbildung 7.5: Vergleich der gemessenen (rote Punkte) und simulierten (blaue Linie) Axial-
und Tangentialgeschwindigkeitsprofile in den Messebenen D und E in der Vormischstrecke

in der Messung die Überhöhung der Umfangsgeschwindigkeit dissipiert und die experimentellen Daten und die Simulationsergebnisse zeigen eine sehr gute Übereinstimmung.
Das isotherme Strömungsfeld in der Brennkammer läßt sich somit wie gezeigt insgesamt
gut in der Simulation darstellen. Darauf aufbauend wurden die im folgenden gezeigten
Simulationen für den reagierenden Fall durchgeführt. Hierfür sind keine Messungen der Ge-
schwindigkeitsfelder vorhanden, die zur Validierung der Simulationsergebnisse herangezogen
werden könnten. Es sollte aber davon ausgegangen werden können, dass die Geschwindig-
keitsfelder auch im reagierenden Fall richtig wiedergegeben werden. Aufbauend auf den
isothermen Rechnungen soll zunächst für feste Werte der globalen Betriebsparameter ein

Flammenrückschlag in der Simulation erzeugt und anschließend im Detail analysiert werden. Die in Abbildung 7.6 dargestellte Bilderfolge stellt exemplarisch die Resultate einer Rückschlagsrechnung dar. Das grundsätzliche Vorgehen zur Berechungen der einzelnen Betriebspunkte war stehts dasselbe. Ausgehend von einen stabilen mageren Betriebspunkt wurde das Gemisch in der Rechnung schrittweise angefettet solange bis es zum Rückschlag der Flamme kommt. Die verwendetet Schrittweite von $\Delta\lambda = -0,05$ deckt sich mit der von Fritz [44] und Kröner [70] dargestellen experimentellen Vorgehensweise. Als globale Betriebsparametern wurde die Vorwärmtemperatur und der Massenstrom des Bennstoff/Luft Gemisches eingestellt. Im hier detailliert untersuchten Fall wurde eine Vorwärmtemperatur von $373\,\mathrm{K}$ und ein Einlassmassenstrom von $70\,\frac{\mathrm{g}}{\mathrm{s}}$ verwendet. Die drei Diagramme auf der linken Seite von Abbildung 7.6 zeigen die Axialgeschwindigkeit als Farbverlauf, die drei Abbildungen auf der rechten Seite stellen jeweils als Farbverlauf die Temperatur dar. In allen Diagrammen ist zur Markierung der Rückströmzonen zusätzlich die Isolinie der Axialgeschwindigkeit Null eingezeichnet.

Die Simulation startet ausgehend von dem in der ersten Zeile dargestellten stationären Betriebspunkt. Die Luftzahl liegt hier bei $\lambda = 1,45$. Es zeigt sich eine verhältnismäßig große geschlossene Rückströmzone, die für einen stabilen Betrieb der Flamme durch dauerndes einmischen von heißem verbranntem Abgas in das Frischgemisch sorgt. Die Flamme sitzt knapp außerhalb der Vormischstrecke am Beginn der Brennkammer. Wird die Flamme nun weiter angefettet, hier bis auf $\lambda = 1,40$, so kommt es zunächst zum Abschnüren einer kleinen geschlossenen Rückströmblase. Diese Blase sitzt etwas stromauf der ursprünglichen stabilen Flammenposition kurz vor dem Querschnittssprung am Ende der Vormischstrecke. Die Flamme bleibt stabil an dieser Stelle stehen und schlägt nicht vollständig in die Vormischstrecke zurück. Dies deckt sich mit den experimentellen und numerischen Untersuchungen die von anderen Arbeitsgruppen an derselben Geometrie gemacht worden sind [148,157,158]. Die dort veröffentlichen numerischen Untersuchungen zeigen ebenfalls das Abschüren einer kleine Rückströmblase bei Luftzahlen, die leicht oberhalb der kritischen Luftzahl liegen, bei der ein vollständiges Rückschlagen der Flamme statt findet. Experimentelle Arbeiten [69] zeigen, dass bei der Flamme leicht oberhalb der kritischen Luftzahl eine Art metastabiles Verhalten zu beobachten ist. Die Lage des Staupunktes ist nicht mehr völlig ortsfest, sondern die Flamme bewegt sich ein kleines Stück in die Vormischstrecke hinein und wird dann wieder ausgespült. Als Grund hierfür konnten lokale Quencheffekte an der Flammenspitze identifiziert werden [69]. Dieser transiente Prozess kann in der durchgeführten stationären Strömungsrechnung nicht dargestellt werden. Das leichte stromaufversetzten der Rückströmblase im Vergleich zum stationären Zustand läßt vermuten das die RANS Rechung hier eine Art mittlere Flammenposition liefert ohne das physikalisch vorhandene leichte hin und her bewegen des Staupunkt und der Flammenspitze abbilden zu können. Zu einem endgültigen und vollständigen Rückschlagen der Flamme kommt es bei diesen globalen Betriebsparametern erst bei weiterem anfetten auf eine Luftzahl von $\lambda = 1,30$.

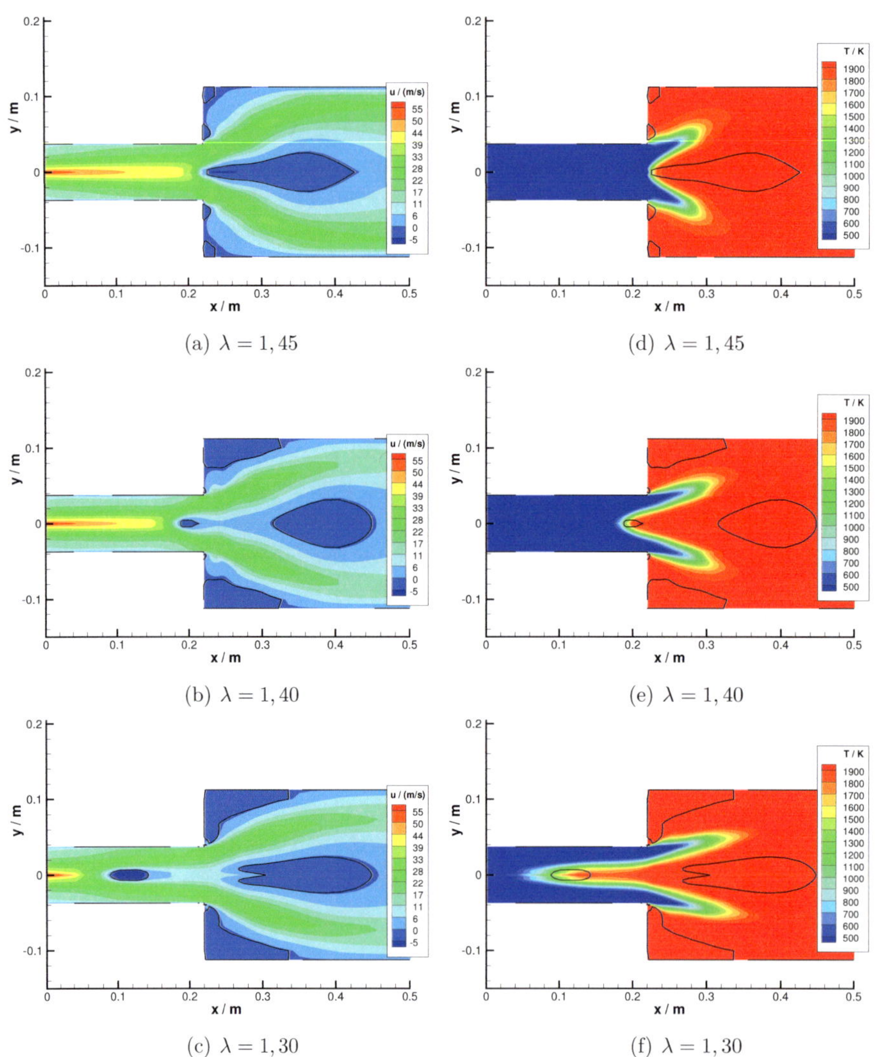

(a) $\lambda = 1,45$ (d) $\lambda = 1,45$

(b) $\lambda = 1,40$ (e) $\lambda = 1,40$

(c) $\lambda = 1,30$ (f) $\lambda = 1,30$

Abbildung 7.6: Ablauf eines durch anfetten eingeleiteten Flammenrückschlags (Vorwärmtemperatur $T = 373\,\mathrm{K}$, Einlassmassenstrom $\dot{m} = 70\,\frac{\mathrm{g}}{\mathrm{s}}$

Die kleine Rückstromblase beginnt stromaufzuwandern und zieht die Flamme hinter sich in die Vormischstrecke hinein. Durch die als Einlassrandbedingung fest vorgegebenen Geschwindigkeitsprofile kommt die Flamme in der Simulation am Anfang der Vormischstrecke zum stehen. Im Experiment schlägt die Flamme vollständig bis in das Plenum des Brenners zurück. Vergleicht man die numerisch bestimmte kritische Luftzahl von $\lambda = 1,30$ so stimmt diese hervorragend mit dem im Experiment beobachteten Rückschlagsgrenze von $\lambda_{\mathrm{krit}} = 1,25 - 1,30$ überein. Wie später in Abschnitt 7.5 noch gezeigt werden wird konnten die experimentellen Rückschlaggrenzen nicht nur für diesen einen Betriebspunkt sondern auch bei Variation der globalen Betriebsparameter reproduziert werden.

Um verstehen und erklären zu können wie und warum es zu einem verbrennungsinduzierten Rückschlagen (CIVB) einer Drallflamme kommen kann sollen zunächst einmal die in der Literatur zu findenen Erklärungen wie es in einer isothermen Strömung zum Aufplatzen eines Wirbel kommt kurz betrachtet werden. Die Erklärung hierfür stützt sich im wesentlichen auf die von Darmofal [33] durchgeführten Arbeiten, der die Rolle der wirbeldynamischen Effekte auf das Wirbelaufplatzen systematisch untersucht.

Hinlänglich bekannt ist, dass es bei einer isothermen Wirbelströmung zum Beispiel in einer Röhre zum Aufplatzen der Wirbelströmung oberhalb einer kritischen Drallzahl kommen kann [55]. Gemeinhin wird als kritische Drallzahl ein Wert von $0,5$ angegeben. Verstärkt wird die Neigung der Strömung zum Aufplatzen durch das vorhandensein von Querschnittssprüngen. Eine gute Übersicht über die wirbeldynamischen Effekte finden sich zum Beispiel in [40,55,74]. Aufbauend auf den Arbeiten von Lopez et al. [21,83] entwickelt Darmofal [33] aus analytischen Betrachtungen und numerischen Simulationen die Theorie, dass es zu einem Wirbelzerfall und dem daraus resultierenenden Staupunkt und Rückströmgebiet in einer Wirbelströmung stets in Bereichen großer negativer azimutaler Wirbelsträrke kommt. Der Wirbelstärkevektor selbst ist definiert als die Rotation des Geschwindigkeitsvektors.

$$\vec{\omega} = \nabla \times \vec{v} = \begin{pmatrix} \frac{\partial w}{\partial y} - \frac{\partial v}{\partial z} \\ \frac{\partial u}{\partial z} - \frac{\partial w}{\partial x} \\ \frac{\partial v}{\partial x} - \frac{\partial u}{\partial y} \end{pmatrix} \tag{7.1}$$

Die azimutale Wirbelstärke ist hierin die dritte Komponente des Wirbelstärkevektors.

$$\omega_z = \frac{\partial v}{\partial x} - \frac{\partial u}{\partial y} \tag{7.2}$$

Abbildung 7.7(a) und 7.7(b) sollen zeigen, dass es auch hier im Bereich großer azimutaler Wirbelstärke zum Aufplatzen der Strömung kommt. Dargestellt ist der Verlauf der azimutalen Wirbelstärke sowohl in einem stabilen Betriebszustand als auch während des Flammenrückschlags. Zusätzlich ist zur Orientierung in beiden Abbildungen die Isolinie der Axialgeschwindigkeit Null eingetragen. Der stabile Betriebszustand und der Zustand während des Flammenrückschlags zeigen einen wesentlichen Unterschied bei der Lage des

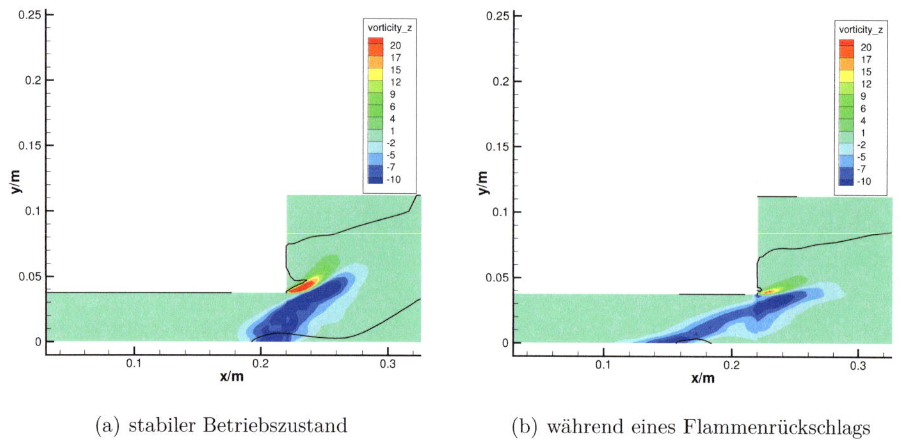

(a) stabiler Betriebszustand   (b) während eines Flammenrückschlags

Abbildung 7.7: Farbverlauf der azimutalen Wirbelstärke ω_z (in $\frac{1}{s}$)

Gebiets negativer azimutaler Wirbelstärke. Im stabilen Betrieb ist die azimutale Wirbelstärke unmittelbar hinter dem Staupunkt auf der Symetrieachse und im vorderen Teil der Rückströmzone negativ. Dies führt zum ortsfesten Aufplatzen der Stömung und somit zu einem stabilen Betrieb des Brenners. Wird nun durch Anfetten der Flamme ein Rückschlag initiert so ändern sich die Verhältnisse an der Spitze der Blase deutlich. Abbildung 7.7(b) stellt den Verlauf der azimutalen Wirbelstärke während des Flammenrückschlags dar. Die Zone negativer azimutaler Wirbelstärke liegt nun nicht mehr innerhab der Rückstömblase, sondern stromauf des momentanen Staupunkts. Dort wird es lokal zum neuerlichen Aufplatzen der Strömung kommen. Die Rückströmblase rutsch so ein Stück weiter in die Vormischstrecke hinen und transportiert die Flamme mit sich. Dieser Mechnismus scheint maßgeblich für den Transport der Flamme in die Vormischstrecke hinein und somit das Rückschlagen der Flamme zu sein.

Zu untersuchen bleibt nun noch wie es durch Anfetten der Flamme zur Entstehung der großen negativen azimutalen Wirbelstärke an der Blasenspitze kommen kann. Grundsätzlich können aus der Wirbeltransportgleichung

$$\frac{\partial \vec{\omega}}{\partial t} + \vec{u}\,\mathrm{grad}\,\vec{\omega} = \underbrace{(\vec{u}\cdot\nabla)\,\vec{\omega}}_{\text{Steckung}} - \underbrace{\vec{\omega}\,(\nabla\cdot\vec{u})}_{\text{Dilatation}} + \underbrace{\frac{1}{\rho^2}\,(\nabla\rho + \nabla p)}_{\text{baroklines Drehmoment}} \tag{7.3}$$

drei potentielle Quellterme[3] für die Wirbelstärke identifiziert werden. Die Quellterme werden durch Streckung, Dialtation und barokline Einflüsse auf die Wirbelfäden verursacht. Die Arbeiten von Ashurst [4] über die dem Flammentransport in Wirbelröhren zu Grunde

---

[3]die Betrachtungen sind hier für gravitationsfreie und reibungsfreie Strömungen, wodurch die in Folge dieser Effekte verursachten Quellterme nicht berücksichtigt werden

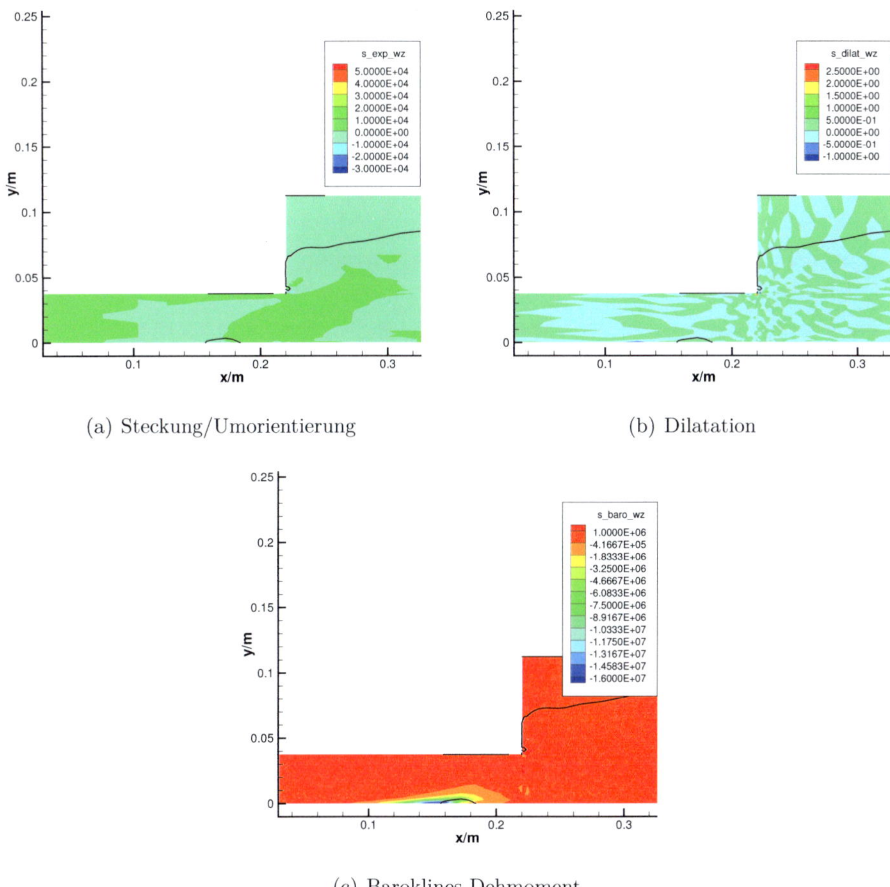

(a) Steckung/Umorientierung

(b) Dilatation

(c) Baroklines Dehmoment

Abbildung 7.8: Quellterme der Wirbeltransportgleichung für die azimutale Komponente während des Flammenrückschlags

liegenden Mechanismen identifizieren das so genannte barokline Drehmoment als Ursache des Flammentransports. Es stellt nach Ashurst [4] die wesentliche Quelle bei der Produktion von negativer azimutaler Wirbelstärke dar und induziert somit einen in negative Axialrichtung zeigenden Impuls auf die Strömung.

Anhand der Simulationsdaten wurde untersucht, ob der barokline Quellterm zum Zeitpunkt des Flammenrückschlags auch hier für die Bildung negativer azimutaler Wirbelstärke dominierend ist und somit den Flammenrückschlag verursacht. Die Auswertung der Quellterme der Wirbeltransportgleichung in Abbildung 7.8 zeigen, dass dies während des Flammenrückschlags der Fall ist. Der barokline Anteil überwiegt die beiden anderen Quellen deutlich. In der Abbildung ist lediglich die azimutale Komponente des Quellterms des Wirbelstärkenvektors dargestellt. Die exakten Gleichungen zur Berechung der Terme finden sich in Anhang D. Dieser durch das Kreuzprodukt von lokalem Dichte- und Druckgradienten bestimmte Term ist im Bereich der Blasenspitze an höchsten und wird durch anfetten der Flamme und das damit einhergehende absinken der Dichte zusätzlich vergrößert. Somit erklärt sich warum es durch anfetten zum einem Flammenrückschlag kommen kann. Der lokale Dichtegradient an der Blasenspitze wird immer größer, führt zu einem größeren Quellterm durch das barokline Drehmoment und einer immer größer werdenden negative azimutalen Wirbelstärke an der Flammenspitze. Irgendwann wird der dadurch entstehende negative axiale Impuls auf die Rückströmblase so groß, dass es zu einem Transport der Blase und somit auch der Flamme stromauf in die Vormischstrecke hinein kommt.

Numerischen Untersuchungen anderer Arbeitsgruppen an derselben Geometrie [67] zeigen die gleichen Resultate und untermauern ebenfalls die durch [44, 45, 70] aufgestellte Theorie zur Entstehung eines Flammenrückschlags durch einen verbrennungsinduzierten Wirbelzerfall aus dem durch anfettung der Flamme steigendem baroklinen Drehmoment.

7.5 Einfluss der Betriebsparameter auf das verbrennungsinduzierte Wirbelaufplatzen

Der vorherige Abschnitt zeigt, dass das in dieser Arbeit entwickelte Simulationsmodell gundsätzlich in der Lage ist das verbrennungsinduzierte Wirbelaufplatzen richtig vorherzusagen. Zumindest für den dort dargestellten Betreibspunkt zeigt sich zusätzlich eine sehr gute Übereinstimung mit der experimentell ermittelten Rückschlaggrenze. Das Rückschlagverhalten des Brenners wurde im Rahmen einer experimentellen Parameterstudie für verschiedene Einlassmassenströme und Vorwärmtemperaturen untersucht [44, 70]. Diese Parameterstudie wurde in der Simulation wiederholt um zu prüfen ob das Simulationsmodell auch für verschieden Betriebsparameter der Brennkammer funktioniert und ob die quantitativ richtige kritische Luftzahl, bei der es zum Flammenrückschlag kommt, sich auch numerisch bestimmen läßt.

Die Resultate der Parameterstudie sind in Abbildung 7.9 dargestellt. Aufgetragen ist dort die kritische Luftzahl bei der CIVB auftritt über dem Einlassmassenstrom in die Brennkammer. Durch die unterschiedlichen Farben sind verschiedene Vorwärmtemperaturen des Brennstoff/Luft Gemisches gekennzeichnet. Die Ergebnisse der Simulationen sind mit einem Punkt dargestellt, die experimentellen Daten durch einen Balken, der den Bereich der im Experiment beobachtenen Schwankung der kritischen Luftzahl darstellt. Zu erkennen ist, dass für nahezu alle Betriebspunkte die Simulation eine sehr gute Voraussage der kritischen Luftzahl liefert. Als Trends sind zusätzlich zum einen eine Zunahme der kritischen Luftzahl mit zunehmender Vorwärmtemperatur und eine Abnahme der kritischen Luftzahl bei steigendem Durchsatz durch die Brennkammer zu beobachten. Die Abnahme der kritischen

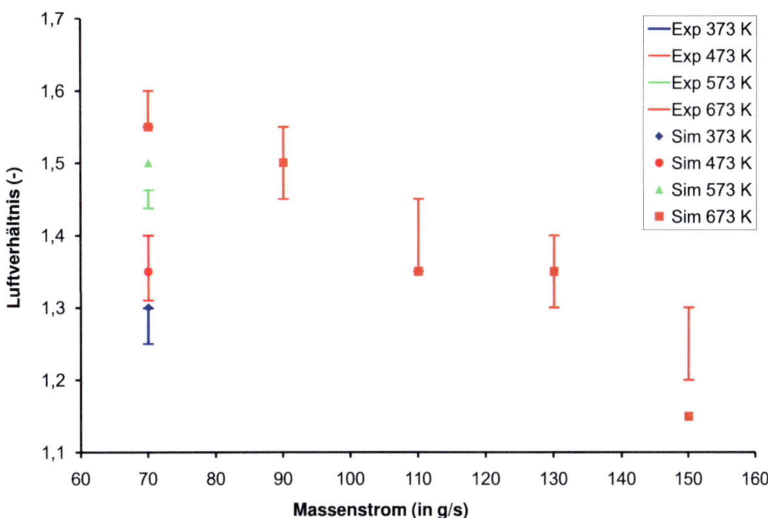

Abbildung 7.9: Vergleich numerisch und experimentell bestimmter Rückschlaggrenzen für verschiedene globale Betriebsparameter

Luftzahl kann durch den bei höheren Durchsätzen gößeren positiven Geschwindigkeiten in axialer Richtung erklärt werden. Dieser zusätzliche Impuls in positiver axialer Richtung wirkt dem durch das barokline Drehmoment verursachten negativen Impuls entgegen. Ein größerer Dichtegradient und somit eine fettere Mischung ist notwendig um die Rückströmblase in die Vormischstrecke zu schieben und den Flammenrückschlag einzuleiten. Da es bei höherer Vorwärmtemperatur schon bei geringeren Luftzahlen zu einem CIVB kommt erklärt sich in ähnlicher Weise. Durch die höhere Vorwärmtemperatur steigt die Flammentemperatur an und der lokale Dichtegradient an der Flammenfront wird vergößert. Ein größerer Dichtegradient führt zu einem größeren baroklinen Quellterm in der Wirbeltransportgleichung und somit zu einem erhöhten negativen azimuthalen Wirbelstärke. Dieses führt wiederrum zu einem gößeren negativen Impuls auf die Rückstromblase und läßt die Flamme bereits bei magereren Luftverhältnissen zurückschlagen.

Kapitel 8

Zusammenfassung und Ausblick

In dieser Arbeit wurde ein Modell zur Simulation stationärer und instationärer turbulenter Strömungen mit chemischen Reaktionen entwickelt. Bei dem Modell handelt es sich um ein hybrides CFD/transported PDF Modell. Es besteht im wesentlichen aus zwei Teilen: einem Finite Volumen Löser für die Navier Stokes Gleichungen und einem auf stochatischen Partikeln basierenden Monte Carlo Löser für die Transportgleichung der gebundenen Wahrscheinlichkeitsdichtefunktion von Geschwindigkeit und Zusammensetzung. Der Schwerpunkt des Modells liegt auf der detaillierten Modellierung der kompelexen Interaktion von Turbulenz und chemischer Reaktion durch Lösen der PDF Transportgleichung. Die chemische Kinetik wird durch automatisch reduzierte Reaktionsmechanismen beschrieben. Als Reduktionsmethode wird das kürzlich entwickelte REDIM Verfahren eingesetzt [24]. Es erlaubt eine zuverlässige Beschreibung der Dynamik der chemischen Kinetik bereits mit sehr wenigen Parametern und berücksichtig zusätzlich den Einfluss der Diffusion im Zustandsraum. Das in dieser Arbeit entwickelte PDF Modell basiert auf den Arbeiten von Nau [104,105] und Bender [9,10]. Jedoch wurden einige substanzielle Änderungen und Weiterentwicklungen vorgenommen. So wurde ein neuer Strömungslöser an das bestehende PDF Modell gekoppelt. Der Strömungslöser bietet den Vorteil verschiedender Erweiterungsmöglichkeiten, genannt sei hier nur die prinzipiell mögliche Verwendeung von LES auf der CFD Seite. Der Strömungslöser arbeitet mit blockstrukturierten Gittern. Das PDF Modell wurde um diese Funktionaliät erweitert, um auf diese Art und Weise auch komplexere Geometrien abbilden zu können. Zusätzlich wurde noch eine Gleichung für die Umfangsgeschwindigkeit im PDF Teil hinzugeführt um so axialsymmetrische drallbehaftete Strömungen berechnen zu können. Außerdem wurden die Konvergenz des Gesamtvefahrens durch Untersuchung geeigneter Mittelungsmethoden und die Verbesserung der Konsistenz der beiden Modellteile durch umfangreiche neue Implementierungen weiter verbessert.
Das Modell sollte an einer möglichst vielfältigen Datenbasis an vorgemischten und nicht-vorgemischten Flammen validiert werden. Anschließend wurde es zur Berechnung von Flam-

menrückschlägen in mageren vorgemischten Drallbrennern und zu einer detaillierten Analyse der den Flammenrückschlag verursachenden Phänomene eingesetzt.

Als Validierungsfall für eine nicht-vorgemischte Flamme wurde eine durch Masri et al. [92, 94, 95] experimentell untersuchte Flamme verwendet. Es handelt sich dabei um eine pilotstabilisierte turbulente Methan/Luft Flamme, die für verschiedene globale Betriebsparameter untersucht wurde. Die einzelnen Betriebszustände unterscheiden sich im Turbulenzgrad und im Verhältnis der Zeitskala von chemischer Reaktion und turbulenten Transportprozessen. Klassifiziert werden die Betriebszustände in der Literatur als Flamme K, L und M. Wobei der Turbulenzgrad von K über L nach M zunimmt. Aus der Literatur können detaillierte und umfangreiche Messungen zur Axialgeschwindigkeit, der turbulenten kinetischen Energie und der Temperatur als Datenbasis zur Validierung des Simulationsmodells herangezogen werden. Verglichen wurden jeweils radiale Profile der oben genannten Größen in zwei Ebenen parallel zur Austrittsebene des Brenners. Die Auswertung der Ergebnisse der Validierungsrechnungen zeigen gute Ergebnisse. Axialgeschwindigkeit und turbulente kinetische Energie sowie das Profil des Temperaturverlauf können gut wiedergegeben werden. Dies gilt im Prinzip in gleicher Art und Weise für alle drei untersuchten Flammentypen K, L und M.

Als Validierungsfall für eine turbulente vorgemischte Flamme wurde aus der Literatur ein von Chen et al. [26] experimentell untersuchter Brenner ausgewählt. Vorteilhaft an diesem Testfall war die einfache zylindersymmetrische Geometrie und die sehr umfangreiche Datenbank an Messdaten. So sind hier zusätzlich zu Messungen der Geschwindigkeit und der Schwankungsgrößen der Geschwindigkeit, Temperaturmessungen und Messungen mehrer anderer skalarer Größen wie zum Beispiel des Mischungsbruchs und der Konzentration von CO_2 und H_2O vorhanden. Bei der Flamme handelt es sich ebenfalls um eine pilotstabilisierte Methan/Luft Flamme. Der Pilotbrenner ist sehr breit um ein partielles verlöschen der Flamme zu vermeiden. Untersucht wurden drei verschiedene globale Betriebszustände, die mit Flamme F1, F2 und F3 bezeichnet sind und sich hinsichtlich der Turbulenzintensität unterscheiden. Verglichen wurden in den Validierungsrechnungen radiale Profile der oben beschriebenen Größen in verschiedenen Ebenen stromab des Brenneraustritts. An nahezu allen betrachteten Stellen konnten die experimentellen Resultate sehr gut durch die Simulationen wiedergegeben werden. Lediglich geringe Abweichungen wurden beobachtet, die häufig jedoch noch innerhalb der experimentellen Unsicherheit der Resultate lagen. Dies gilt sowohl für den qualitativen Verlauf der untersuchten Profile als auch für die absoluten quantitativen Werte.

Zusammenfassend kann festgehalten werden, dass sich das entwickelte Simulationsmodell sowohl zur Simulation von vorgemischten als auch von nicht-vorgemischten statistisch stationären Flammen eignet und dafür herangezogen werden kann.

Aufbauend auf den Validierungsrechnungen wird das Modell zur Analyse und Vorhersage von Flammenrückschlägen in mageren vorgemsichten Verbrennungssystemen eingesetzt. Bei dem untersuchten Beispielsystem handelt es sich um ein von Fritz [44] und Kröner [70] untersuchtes vereinfachtes Modell einer realen Gasturbinenbrennkammer. Die Flamme wird dort durch Verdrallung der Hauptströmung und das sich dadurch im Bereich eines Querschnittssprungs am Übergang der Vormischstrecke in die Brennkammer bildende Rückströmgebiet stabilisiert. Der auftretende Rückschlagsmechanismus unterscheidet sich wesentlich von vielen bereits eingängig in der Literatur diskutierten Ursachen für Flammenrückschäge. Er wird als verbrennungsindzierter Wirbelzerfall (CIVB) bezeichnet ist in der Literatur unter anderem in [44, 67, 70] untersucht worden. Initiiert wird solch ein Rückschlag durch Anfettung der Flamme ausgehend von einem stabilen (mageren) Betriebspunkt. Eine detaillierte Analyse eines einzelnen Rückschlagereignisses zeigt, dass es durch anfetten zunächst zum Abschnüren einer kleinen Rückstromblase von der Hauptrückstromzone kommt, die bei weiterer Anfettung in die Vormischstrecke hineinwandert und die Flamme mittransportiert. Als treibender Mechanismus hierfür konnte die im Bereich der Spitze der Rückströmzone massiv produzierte negative azimutale Wirbelstärke identifiziert werden. Diese führt zu einem starken Impuls in negativer x-Richtung auf die Rückströmblase. Als wesentliche Quelle der negativen azimutalen Wirbelstärke zeigt sich in detaillierten Analysen der Simualtionsergebnisse das barokline Drehmoment. Dieser Term wird durch das Kreuzprodukt des lokalen Dichtegradienten und des lokalen Druckgradienten bestimmt. Diese Ergebnisse sind in guter Übereinstimmung mit den Resultaten anderer Gruppen [158]. Zusätzlich wurden anhand experimenteller Untersuchungen Parameterstudien zum Einfluss der globalen Betriebsparameter Einlassmassenstrom in die Brennkammer und Vorwärmtemperatur des Brennstoff/Luft Gemischs durchgeführt. Ziel dieser Parameterstudie war die numerische Validierung des experimentell ermittelten Stabilitätsbereiches des Brenners. Die numerischen Ergbnisse geben hierbei über den gesamten experimentell untersuchten Parameterbereich die gemessenen kritschen Luftzahl, bei welcher es zum Flammenrückschlag kommt, sehr gut wieder.

Die erfolgreichen Validierungsrechnungen für recht verschiedenartige Flammentypen und die sehr erfolgreiche Anwendung des Gesamtmodells zur Simulation des verbrennungsinduzierten Wirbelzerfalls in mager vorgemischten Brennersystemen lassen an eine Reihe von zukünftigen Ideen, Anwendungen und Erweiterungen des entwickelten Modells denken. So kann zukünftig recht einfach eine Erweiterung des bisher auf zweidimensionale achsensymmetrische Probleme beschränkten Modells auf drei Raumdimensionen durchgeführt werden. Dadurch ließen sich auch komplexe reale Brennergeometrien simulieren. Der verwendetet Strömungslöser kann bereits mit drei Dimensionen in Raum und Geschwindigkeit arbeiten, lediglich der PDF Löser muß noch entsprechend erweitert werden. Die 3D Erweiterung wird dann zukünftig auch den Einsatz von LES auf der Strömungslöserseite ermöglichen. Passend dazu kann das PDF Verfahren so modifiziert werden, dass es die gefilterte Transportgleichung der Wahrscheinlichkeitsdichtefunktion (FDF) löst. Ein so entstehendes hybrides LES/FDF Modell könnte dann sowohl auf der hydrodynamischen Seite durch den Einsatz von LES als auch bei der Modellierung der Chemie-Turbulenz-Interaktion auf hochwertige Modelle zurückgreifen. Die durchgeführte Erweiterung auf instationäre Strömungsphänomene lassen auch zukünftige Anwendungen des Modells im Bereich der Simulation von selbstzündenden Freistrahlen zu. Hierbei ist es ebenfalls interessant die Möglichkeiten und Grenzen der durch das REDIM Verfahren automatisch reduzierten Reaktionsmechanismen zur Beschreibung der komplexen Kinetik bei Zündprozessen untersuchen zu können.

Anhang A

Herleitung der PDF Transportgleichung

Die dargestellte Herleitung orientiert sich eng an den in [88] gemachten Ausführungen. Weitere Details und Informationen zur Herleitung einer PDF Transportgleichung finden sich unter anderem in [43, 124, 129].

Ausgangspunkt der Betrachtungen sind die Erhaltungsgleichungen für das Geschwindigkeitsfeld (Impulserhaltungsgleichung) und das Skalarfeld (Spezieserhaltungsgleichung) in ungemittelter Form.

- Impulserhaltungsgleichung

$$\rho \left(\frac{\partial}{\partial t} + U \operatorname{grad} \right) U \;=\; - \underbrace{\operatorname{div} \Pi}_{\text{Transport}} - \underbrace{\operatorname{grad} p}_{\text{Druck}} + \underbrace{g}_{\text{Gravitation}} \;=\; A \qquad (A.1)$$

- Spezieserhaltungsgleichung

$$\rho \left(\frac{\partial}{\partial t} + U \operatorname{grad} \right) \phi \;=\; - \underbrace{\operatorname{div} j}_{\text{Transport}} + \underbrace{\rho S}_{\text{Reaktion}} \;=\; B \qquad (A.2)$$

Diese Gleichungen konnen durch Einführen der substanziellen Ableitung einer beliebigen Größe η

$$\frac{\mathrm{D}\eta}{\mathrm{D}t} \;=\; \frac{\partial \eta}{\partial t} + U \operatorname{grad} \eta \qquad (A.3)$$

und dem Zusammenfassen der rechten Seite einfacher geschrieben werden als

$$\rho \frac{\mathrm{D}U}{\mathrm{D}t} \;=\; A \qquad (A.4)$$

$$\rho \frac{\mathrm{D}\phi}{\mathrm{D}t} \;=\; B \quad . \qquad (A.5)$$

Nun sei genau eine Realisierung einer Strömung betrachtet, bei welcher das Geschwindigkeitsfeld und das Skalarfeld gegeben sind durch U und ϕ.

$$
\begin{aligned}
f^*(V,\psi;x,t) &= \delta\left(U_1(x,t)-V_1\right)\cdots\delta\left(U_3(x,t)-V_3\right)\cdot\delta\left(\phi_1(x,t)-\psi_1\right)\cdots\delta\left(\phi_n(x,t)-\psi_n\right) \\
&= \delta\left(U(x,t)-V\right)\cdot\delta\left(\phi(x,t)-\psi\right)
\end{aligned}
\tag{A.6}
$$

Die Änderung der PDF läßt sich durch ein vollständiges Differential angeben.

$$
\begin{aligned}
\rho\frac{Df^*}{Dt} &= \rho\frac{\partial f^*}{\partial U_1}\frac{DU_1}{Dt}+\cdots+\rho\frac{\partial f^*}{\partial U_3}\frac{DU_3}{Dt}+\rho\frac{\partial f^*}{\partial\phi_1}\frac{D\phi_1}{Dt}+\cdots+\rho\frac{\partial f^*}{\partial\phi_n}\frac{D\phi_n}{Dt} \\
&= \rho\frac{\partial f^*}{\partial U}\frac{DU}{Dt}+\rho\frac{\partial f^*}{\partial\phi}\frac{D\phi}{Dt} \\
&= \frac{\partial\delta(U-V)\delta(\phi-\psi)}{\partial U}\frac{DU}{Dt}+\frac{\partial\delta(U-V)\delta(\phi-\psi)}{\partial\phi}\frac{D\phi}{Dt}
\end{aligned}
\tag{A.7}
$$

Nach Anwenden der allgemeinen Rechenregel

$$
\frac{\partial}{\partial x}\delta(x-y)=-\frac{\partial}{\partial y}\delta(x-y)
\tag{A.8}
$$

folgt somit

$$
\rho\frac{Df^*}{Dt}=-\frac{\partial f^*}{\partial V}A-\frac{\partial f^*}{\partial\psi}B\quad.
\tag{A.9}
$$

Bis zu diesem Punkt wurde immer noch eine deterministische Gleichung, die exakt eine Realisierung der Strömung darstellt, betrachtet. Die Strömung besteht aber tatsächlich aus einer Vielzahl verschiedener Realisierungen. Deshalb ist die Bildung eines Erwartungswertes sinnvoll und notwendig.

$$
\begin{aligned}
\langle f^*\rangle &= \int\limits_{-\infty}^{+\infty} f^*(V,\psi)\,f(\hat{V},\hat{\psi})\,d\hat{V}\,d\hat{\psi} \\
&= \int\limits_{-\infty}^{+\infty}\delta(\hat{\psi}-\psi)\,\delta(\hat{V}-V)\,f(\hat{V},\hat{\psi})\,d\hat{V}\,d\hat{\psi}=f(V,\psi)
\end{aligned}
\tag{A.10}
$$

Anschaulich betrachtet stellt die PDF somit den Erwartungswert der PDFs der Einzelrealisierungen dar. Wird nun der Erwartungswert von Gleichung A.9 gebildet, so ergibt sich

$$
\left\langle\rho\frac{Df^*}{Dt}\right\rangle=\left\langle-\frac{\partial f^*}{\partial V}A-\frac{\partial f^*}{\partial\psi}B\right\rangle\quad.
\tag{A.11}
$$

Der Erwartungswert der linken und rechten Seite dieser Gleichung kann durch Einsetzten der in Gleichung A.10 gezeigten Rechenregel durch Integration über den gesamten Zustandsraum bestimmt werden. Es folgt dann der Ausdruck

$$
\int\limits_{-\infty}^{+\infty}\rho(\psi)\,f(\hat{V},\hat{\psi})\frac{Df^*(V,\hat{V},\psi,\hat{\psi})}{Dt}\quad d\hat{V}\quad d\hat{\psi}=
$$

$$
\int\limits_{-\infty}^{+\infty}f(\hat{V},\hat{\psi})\left[-\frac{\partial f^*(V,\hat{V},\psi,\hat{\psi})}{\partial V}A-\frac{\partial f^*(V,\hat{V},\psi,\hat{\psi})}{\partial\psi}B\right]\quad d\hat{V}\quad d\hat{\psi}\quad.
\tag{A.12}
$$

Die linke Seite dieser Gleichung kann zu

$$LS = \rho(\psi) \frac{\mathrm{D}}{\mathrm{D}t} \int\limits_{-\infty}^{+\infty} f(\hat{V},\hat{\psi}) f^*(V,\hat{V},\psi,\hat{\psi})\, \mathrm{d}\hat{V}\, \mathrm{d}\hat{\psi} \tag{A.13}$$

umgeformt werden und vereinfacht sich durch anwenden von Gleichung A.10 weiter zu

$$\rho(\psi)\frac{\mathrm{D}}{\mathrm{D}t} f(\hat{V},\hat{\psi})\, f^*(V,\hat{V},\psi,\hat{\psi}) = \rho(\psi)\frac{\mathrm{D}}{\mathrm{D}t}\langle f^* \rangle \qquad . \tag{A.14}$$

Die rechte Seite von Gleichung A.12 vereinfacht sich durch dieselben Umformungen in analoger Weise zu

$$\begin{aligned}
RS &= -\int\limits_{-\infty}^{+\infty} f(\hat{V},\hat{\psi})\frac{\partial f^*(V,\hat{V},\psi,\hat{\psi})}{\partial V} A\, \mathrm{d}\hat{V}\, \mathrm{d}\hat{\psi} - \int\limits_{-\infty}^{+\infty} f(\hat{V},\hat{\psi})\frac{\partial f^*(V,\hat{V},\psi,\hat{\psi})}{\partial \psi} B\, \mathrm{d}\hat{V}\, \mathrm{d}\hat{\psi} \\
&= -\frac{\partial}{\partial V}\int\limits_{-\infty}^{+\infty} f^*(V,\hat{V},\psi,\hat{\psi})\, f(\hat{V},\hat{\psi})\, A\, \mathrm{d}\hat{V}\, \mathrm{d}\hat{\psi} - \frac{\partial}{\partial \psi}\int\limits_{-\infty}^{+\infty} f^*(V,\hat{V},\psi,\hat{\psi})\, f(\hat{V},\hat{\psi})\, B\, \mathrm{d}\hat{V}\, \mathrm{d}\hat{\psi} \\
&= -\frac{\partial}{\partial V}\langle f^* A \rangle - \frac{\partial}{\partial \psi}\langle f^* B \rangle \qquad .
\end{aligned} \tag{A.15}$$

Der Erwartungswerte von Gleichung A.9 wird folglich zu

$$\rho(\psi)\frac{\mathrm{D}}{\mathrm{D}t}\langle f^* \rangle = -\frac{\partial}{\partial V}\langle f^* A \rangle - \frac{\partial}{\partial \psi}\langle f^* B \rangle \qquad . \tag{A.16}$$

Ungeschickt ist an dieser Stelle, dass noch die Einzel-PDF auftritt. Sie kann allerdings durch den Zusammenhang $\langle f^* \rangle = f(\psi)$ in geeigneter Weise ersetzt werden.

$$\rho(\psi)\frac{\mathrm{D}}{\mathrm{D}t} f = -\frac{\partial}{\partial V}\langle f^* A \rangle - \frac{\partial}{\partial \psi}\langle f^* B \rangle \tag{A.17}$$

Bleibt nur noch die Terme $\langle f^* A \rangle$ und $\langle f^* B \rangle$ zu bestimmen. Als problematisch erweist sich dabei die Abhänigkeit der beiden Terme von U, ϕ, grad U und grad ϕ.

$$\langle f^* A(U,\phi,\mathrm{grad}\, U, \mathrm{grad}\, \phi) \rangle = \langle \delta(U-V)\,\delta(\phi-\psi)\, A(U,\phi,\mathrm{grad}\, U, \mathrm{grad}\, \phi) \rangle \tag{A.18}$$

Beide Terme $\langle f^* A \rangle$ und $\langle f^* B \rangle$ stellen also bedingte Erwartungswerte dar. Allgemein kann ein bedingter Erwartungswert berechnet werden durch

$$\langle Q \rangle = \int\limits_{-\infty}^{+\infty}\int\limits_{-\infty}^{+\infty} \left\langle Q(U,\phi,\cdots)|U=\hat{V},\phi=\hat{\psi}\right\rangle f_{U\phi}(\hat{V},\hat{\psi})\, \mathrm{d}\hat{V}\, \mathrm{d}\hat{\psi} \qquad . \tag{A.19}$$

Somit ergibt sich

$$\langle f^* A(U,\phi,\mathrm{grad}\, U\, \mathrm{grad}\, \phi) \rangle$$

$$
= \int_{-\infty}^{+\infty} \int_{-\infty}^{+\infty} \left\langle \delta(U-V)\delta(\phi-\psi)A(U,\phi,\operatorname{grad} U,\operatorname{grad} \phi)|U=\hat{V},\phi=\hat{\psi}\right\rangle f_{U\phi}(\hat{V},\hat{\psi})\,\mathrm{d}\hat{V}\,\mathrm{d}\hat{\psi}
$$

$$
= \int_{-\infty}^{+\infty} \int_{-\infty}^{+\infty} \left\langle \delta(\hat{V}-V)\delta(\hat{\psi}-\psi)A(U,\phi,\operatorname{grad} U,\operatorname{grad} \phi)|U=\hat{V},\phi=\hat{\psi}\right\rangle f_{U\phi}(\hat{V},\hat{\psi})\,\mathrm{d}\hat{V}\,\mathrm{d}\hat{\psi}
$$

$$
= \left\langle A(U,\phi,\operatorname{grad} U,\operatorname{grad} \phi)|U=V,\phi=\psi\right\rangle f_{U\phi}(V,\psi) \qquad . \tag{A.20}
$$

Damit kann nun die vollständige PDF Transportgleichung angegeben werden.

$$
\rho(\psi)\frac{\mathrm{D}f(V,\psi)}{\mathrm{D}t} = -\frac{\partial}{\partial V}f_{U\phi}(V,\psi)\left\langle A(U,\phi,\operatorname{grad} U,\operatorname{grad} \phi)|U=V,\phi=\psi\right\rangle
$$

$$
-\frac{\partial}{\partial \psi}f_{U\phi}(V,\psi)\left\langle B(U,\phi,\operatorname{grad} U,\operatorname{grad} \phi)|U=V,\phi=\psi\right\rangle \tag{A.21}
$$

Die beiden hierbei auftauchenden bedingten Erwartungswerte sind ungeschlossene Terme. Mögliche Modellierungsansätze für diese Terme wurden in Abschnitt 3.6.5 dargestellt.

Anhang B

Koeffizienten des verallgemeinerten Langevin Modells

In Tabelle B.1 sind die Koeffiziente des verallgemeinerten Langevin Modells dargestellt. Sie werden aus experimentellen Daten gewonnen. Weitere Details hierzu findet sich in [58,124]. Die Modellkonstante γ^* ergibt sich aus den angegebenen Konstanten durch die Beziehung

$$\gamma^* = \gamma_2 + \gamma_3 + \gamma_4 + \gamma_6 \qquad . \tag{B.1}$$

α_1	$-\left(\frac{1}{2} + \frac{3}{4}C_0\right) - \alpha_2 b_{ij}b_{ji} - \tau\gamma^* b_{kl}b_{il}\frac{\partial\langle U_k\rangle}{\partial x_l}$
α_2	$3{,}7$
β_1	$-\frac{1}{5}$
β_2	$\frac{4}{5}$
β_3	$-\frac{1}{5}$
γ_1	-1,28
γ_2	3,01
γ_3	-2,18
γ_4	0
γ_5	4,29
γ_6	-3,09

Tabelle B.1: Koeffizienten des verallgemeinerten Langevin Modells

Anhang C

Randbedingungen für die Flammenrückschlagsrechungen

Als Randbedingungen für die Flammenrückschlagsrechungen wurden aus detaillierten drei-dimensionalen Simulationen mit einem Reynoldsspannungsmodell gewonnene radiale Profile der mittleren Geschwindigkeit und der Turbulenzgrößen verwendet. Die Daten stammen aus den Arbeiten von Kiesewetter et al. [67, 68].

Die hier dargestellten Profile beziehen sich auf einen Einlassmassenstrom von $70\,\frac{\mathrm{g}}{\mathrm{s}}$ und eine Vorwärmtemperatur von $373\,\mathrm{K}$. Für die anderen Betriebsparameter wurden entsprechend die jeweils passenden Profile aus der Literatur verwendet.

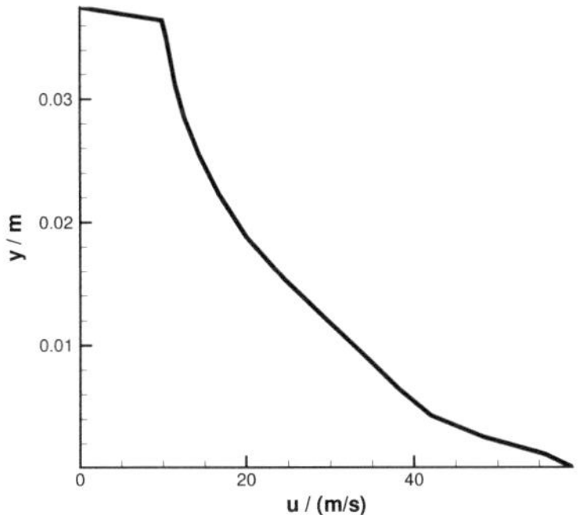

Abbildung C.1: Radiales Profil der Axialgeschwindigkeit

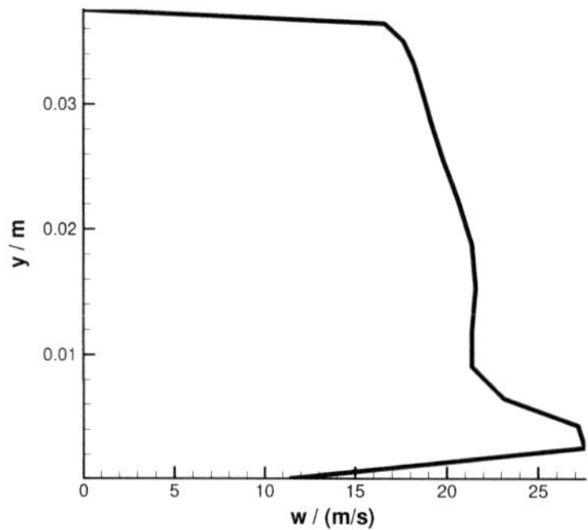

Abbildung C.2: Radiales Profil der Tangentialgeschwindigkeit

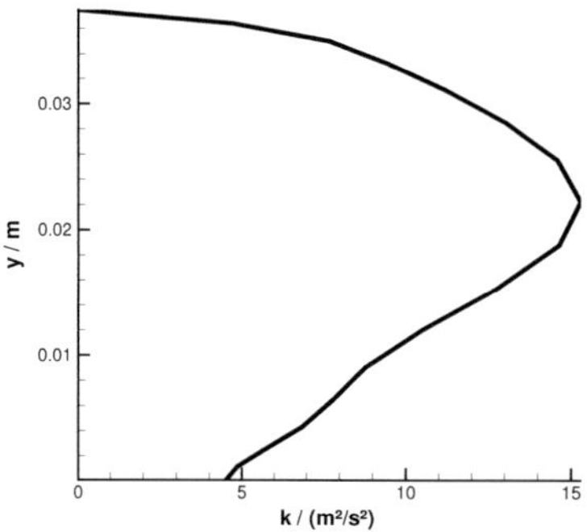

Abbildung C.3: Radiales Profil der turbulenten kinetischen Energie

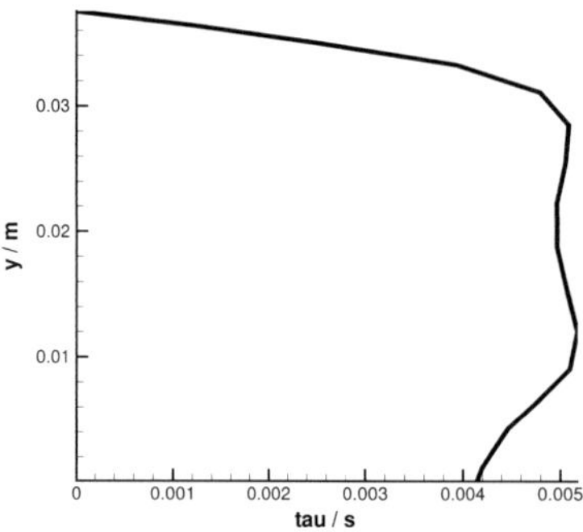

Abbildung C.4: Radiales Profil des turbulenten Zeitmaßes

Anhang D

Berechnung der Quellterme der Wirbeltransportgleichung

In diesem Abschnitt werden die in der Wirbeltransportgleichung (Gleichung 7.3) vorhandenden Quellterme detailliert ausgewertet und es wird dargestellt wie die in Abbildung 7.8 gezeigten azimutalen Komponenten der Quellterme berechnet worden sind.

D.1 Allgemeine Form der Wirbeltransportgleichung

Die den in Gleichung 7.3 dargestellte Form der Wirbeltransportgleichung stellt eine Vereinfachung für reibungsfreie nicht gravitationsbeeinflusste Strömungen dar. Die beiden durch diese Einflüsse zusätzlich auftauchenden Quellterme für reibungsbehaftete Strömungen

$$Q_{\mathrm{r}} = \frac{1}{\rho} \left(\nabla \times \tau \right) \tag{D.1}$$

mit τ als dem Tensor der viskosen Scherkräfte und für Gravitationskräfte

$$Q_{\mathrm{g}} = \nabla \times \vec{B} \tag{D.2}$$

mit $\vec{B}$ als Massenkräften wurden vernachlässigt.

D.2 Quellterm durch Dilatation der Wirbelfäden

Der Quellterm in Folge der Dilatation der Wirbelfäden ergibt sich im Detail zu

$$Q_{\mathrm{Dilat}} = -\vec{\omega} \left(\nabla \cdot \vec{u} \right) \ = \ - \left(\frac{\partial u}{\partial x} + \frac{\partial v}{\partial y} + \frac{\partial w}{\partial z} \right) \begin{pmatrix} \omega_x \\ \omega_y \\ \omega_z \end{pmatrix} \quad . \tag{D.3}$$

Die azimutale Komponente des Quellterms wird somit zu

$$Q_z^{\mathrm{Dilat}} = -\omega_z \cdot \left(\frac{\partial u}{\partial x} + \frac{\partial v}{\partial y} + \frac{\partial w}{\partial z} \right) \tag{D.4}$$

D.3   Quellterm durch Steckung der Wirbelfäden

Der Quellterm in Folge der Streckung der Wirbelfäden ergibt sich zu

$$Q_{\text{Streck}} = (\vec{\omega} \cdot \nabla)\,\vec{u} = \left(\frac{\partial \omega_x}{\partial x} + \frac{\partial \omega_y}{\partial y} + \frac{\partial \omega_z}{\partial z} \right) \begin{pmatrix} u \\ v \\ w \end{pmatrix} \tag{D.5}$$

die darin vorkommenden azimutale Komponente des Quellterms wird somit zu

$$Q_z^{\text{Steck}} = w \left(\frac{\partial \omega_x}{\partial x} + \frac{\partial \omega_y}{\partial y} + \frac{\partial \omega_z}{\partial z} \right) \tag{D.6}$$

D.4   Quellterm durch das barokline Drehmoment

Der Quellterm in Folge des baroklinen Drehmoments ergibt sich zu

$$Q_{\text{baro}} = \frac{1}{\rho^2} \left(\nabla \rho \times \nabla p \right) = \frac{1}{\rho^2} \begin{pmatrix} -\frac{\partial \rho}{\partial z}\frac{\partial p}{\partial y} + \frac{\partial \rho}{\partial y}\frac{\partial p}{\partial z} \\ \frac{\partial \rho}{\partial z}\frac{\partial p}{\partial x} - \frac{\partial \rho}{\partial x}\frac{\partial p}{\partial z} \\ \frac{\partial \rho}{\partial x}\frac{\partial p}{\partial y} - \frac{\partial \rho}{\partial y}\frac{\partial p}{\partial x} \end{pmatrix} \tag{D.7}$$

die darin auftauchende azimutale Komponente des Quellterms wird somit zu

$$Q_z^{\text{baro}} = \frac{1}{\rho^2} \left(\frac{\partial \rho}{\partial x}\frac{\partial p}{\partial y} - \frac{\partial \rho}{\partial y}\frac{\partial p}{\partial x} \right) \tag{D.8}$$

Literaturverzeichnis

[1] ACEVES, S.M. ; FLOWERS, D.L. ; ESPINOSA-LOZA, F. ; MARTINEZ-FRIAS, J. ; DEC, J.E. ; SJÖBERG, M. ; DIBBLE, R.W. ; HESSEL, R.P.: Spatial Analysis of Emissions Sources for HCCI Combustion At Low Loads Using a Multi-Zone Model. *Society of Automotive Engineers* (2004)

[2] AHMED, S.S. ; MAUSS, F. ; G., Moreac ; T., Zeuch: A comprehensive and compact n-heptane oxidation model derived using chemical lumping. *Physical chemistry chemical physics* 9 (2007), Nr. 9, S. 1107–1126

[3] ARRHENIUS, S.: Über die Reaktionsgeschwindigkeit bei der Inversion von Rohrzucker durch Säuren. *Zeitschrift Physikalische Chemie* 4 (1889), S. 226

[4] ASHUSRT, WM. T.: Flame Propagation Along a Vortex: the Baroclinic Push. *Combustion, Science and Technology* 112 (1996), S. 175–185

[5] ATKINS, Julio Peter W. ; De P. Peter W. ; De Paula: *Atkins Physical chemistry.* 7. ed.. Aufl. Oxford University Press, 2002

[6] BALDWIN, B.S. ; LOMAX, H.: Thin Layer Approximation and Algebraic Model for Separated Turbulent Flows. *AIAA Journal* 78 (1978), S. 257

[7] BASSHUYSEN, R. ; SCHÄFER, F. (Hrsg.): *Handbuch Verbrennungsmotor.* 5. Aufl. Vieweg+Teubner, 2010

[8] BAUER, H.J.: New Low Emission Strategies and Combustion Designs for Civil Aeroengine Applications. *Progress in Computational Fluid Dynamics* 4 (2004), Nr. 3-5, S. 130–142

[9] BENDER, R.: *Modellierung der Kopplung von chemischer Reaktion und turbulenter Mischung bei turbulenten Vormischflammen,* Universität Stuttgart, Fakultät für Energietechnik, Dissertation, 2003

[10] BENDER, R. ; MAAS, U. ; BÖCKLE, S. ; KAZENWADEL, J. ; SCHULZ, C. ; WOLFRUM, J.: Monte-Carlo-PDF-Simulation and Raman/Rayleigh-Measurement of a Turbulent

Premixed Flame. In: *Twenty-Eighth Symposium (International) on Combustion* The Combustion Institute, Pittsburgh, PA, 2000

[11] BIRD, R.B. ; STEWARD, W.E. ; LIGHTFOOT, E.N.: *Transport phenomena.* New York, Chichester, Brisbane, Toronto, Singapore : John Wiley & Sons, 1960

[12] BIRD, R.B. ; STEWART, W.E. ; LIGHTFOOT, E.N.: *Transport phenomena.* 2. ed.. Aufl. New York : Wiley, 2002. – ISBN 0–471–41077–2 ; 0–471–36474–6

[13] BITTERLICH, W. ; AUSMEIER, S. ; LOHMANN, U.: *Gasturbinen und Gasturbinenanlagen.* Teubner, Stuttgart, 2002

[14] BLOUCH, J.D. ; CHEN, J.Y. ; LAW, C.K.: A joint scalar PDF study of nonpremixed hydrogen ignition. *Combustion and Flame* 135 (2003), S. 209–225

[15] BOCKHORN, H. ; BOCKHORN, H. (Hrsg.): *Soot formation in combustion.* Springer, Berlin/Heidelberg, 1992

[16] BORGHI, R.: On the Structure and Morphology of Turbulent Premixed Flames. *Recent Advance in the Aerospace Sciences* (1984)

[17] BORGHI, R.: Turbulent Combustion Modelling. *Progress in Energy and Combustion Science* 14 (1988), S. 245–292

[18] BOUSSINESQ, J.: Theorie de lâĂŹEcoulement Tourbillant. *Mem. Presentes par Divers Savants Acad. Sci. Inst. Fr.* 23 (1877), S. 46–50

[19] BRANDMÜLLER, J. ; MOSER, H.: *Einführung in die Ramanspektroskopie.* Darmstadt : Dr. Dietrich Steinkopff Verlag, 1962

[20] BRONSTEIN, I.N. ; SEMENDJAJEW, K.A.: *Taschenbuch der Mathematik, 25.* 1991

[21] BROWN, G.L. ; LOPEZ, J.M.: Axisymmetric vortex breakdown part 2: physical mechanisms. *Journal of Fluid Mechanics* 221 (1990), S. 553–576

[22] BYKOV, V. ; GOL'DSHTEIN, V. ; MAAS, U.: Global Quasi Linearization (GQL) for the automatic reduction of chemical kinetics. In: *Proceedings of the European Combustion Meeting 2007,* 2007

[23] BYKOV, V. ; MAAS, U.: Generation of reduced models by decoupling of chemical kinetics and convection/diffusion processes. In: *Proceedings of the 20th International Colloquium on the Dynamics of Explosions and Reactive Systems.* Montreal, Canada, 2005

[24] BYKOV, V. ; MAAS, U.: The extension of the ILDM concept to reaction-diffusion manifolds. *Combustion Theory and Modelling* 11 (2007), Nr. 6, S. 839–862

[25] BYKOV, V. ; MAAS, U.: Extension of the ILDM method to the domain of slow chemistry. In: *Proceedings of the Combustion Institute* Bd. 31, 2007, S. 465–472

[26] CHEN, Y.C. ; PETERS, N. ; SCHNEEMANN, G.A. ; WRUCK, N. ; RENZ, U. ; MANSOUR, M.S.: The detailed Flame Structure of Highly Stretched Turbulent Premixed Methane-Air Flames. *Combustion and Flame* 107 (1996), S. 223–244

[27] CHEVALIER, C.: *Entwicklung eines detaillierten Reaktionsmechanismus zur Modellierung der Verbrennungsprozesse von Kohlenwasserstoffen bei Hoch- und Niedertemperaturbedingungen*, Universität Stuttgart, Fakultät für Energietechnik, Dissertation, 1993

[28] CHOI, K.S. ; LUMLEY, J.L.: The return to isotropy of homogeneous turbulence. *Journal of Fluid Mechanics* 436 (2001), S. 59–84

[29] COFFEY, W.T. ; KALMYKOV, Y.P. ; WALDRON, J.T.: *The Langevin Equation: with applications in Physics, Chemistry and Electrical Engineering.* 1996 (World Scientific Series in Contemporary Chemical Physics - Vol. 10)

[30] COMTE-BELLOT, G. ; CORRSIN, S.: The use of a contraction to improve the isotropy of grid-generated turbulence. *Journal of Fluid Mechanics* 25 (1966), S. 657–682

[31] COMTE-BELLOT, G. ; CORRSIN, S.: Simple Eulerian time correlation of full and narrow-band velocity signals in grid-generated 'isotropic' turbulence. *Journal of Fluid Mechanics* 48 (1971), S. 273–337

[32] CURL, R.L.: Dispersed Phase Mixing: 1. Theory and Effects in Simple Reactors. *A.I.Ch.E. Journal* 9 (1963), S. 175–181

[33] DARMOFAL, D.L.: The Role of Vorticity Dynamics in Vortex Breakdown. *AIAA Journal* (1993)

[34] DOPAZO, C.: Relaxation of Initial Probability Density Functions in the Turbulent Convection of Scalar Flieds. *Physics of Fluids* 22 (1979), S. 20–30

[35] DOPAZO, C.: Recent developments in pdf methods. In: LIBBY, P.A. (Hrsg.) ; WILLIAMS, F.A. (Hrsg.): *Turbulent Reacting Flows.* Academic Press, New York, 1994, S. 375–474

[36] DRAIN, L. E. ; MONZINGO, T. W. R. A. & Miller A. R. A. & Miller R. A. & Miller M. R. A. & Miller (Hrsg.): *The laser Doppler techniques.* 1980

[37] DREEBEN, T.D. ; POPE, S.B.: PDF/Monte Carlo Simulation of near-wall turbulent flows. *Journal of Fluid Mechanics* 357 (1997), S. 141–166

[38] ECKBRETH, A.C.: *Laser Diagnostics for Combustion Temperature and Species, 2nd edition.* Gordon & Breach, 1996

[39] EHRLY, M.: *Numerische Simulation einer nicht-vorgemischten Flamme mittles eines hybriden CFD/transported PDF Verfahrens,* Institut für technische Thermodynamik, Universität Karlruhe, Diplomarbeit, 2009

[40] ESCUDIER, M.: Vortex breakdown: Observations and explanations. *Progress in Aerospace Sciences* 25 (1978), S. 189–229

[41] FAVRE, A.J.: The equations of compressible turbulent gases. *USAF Contract AF61 (052)-772, AD 622097* (1965)

[42] FERZIGER, J.H. ; PERIC, M.: *Computational Methods for Fluid Dynamics.* 2. Aufl. Springer Verlag, 1997

[43] FOX, R.O.: *Computational Models for Turbulent Reacting Flows.* Cambridge : Cambridge University Press, 2003

[44] FRITZ, J.: *Flammenrückschlag durch verbrennungsinduziertes Wirbelaufplatzen,* Technische Universität München, Fakultät für Maschinenwesen, Dissertation, 2003

[45] FRITZ, J. ; KROŇER, M. ; SATTELMAYER, T.: Flashback in a Swirl Burner with Cylindrical Premixing Zone. In: *Proceedings of ASME Turbo Expo 2001*

[46] FRÖHLICH, J.: *Large-Eddy-Simulation turbulenter Strömungen : mit 14 Tabellen.* 1. Aufl.. Aufl. Wiesbaden : Teubner, 2006 (Lehrbuch Maschinenbau). – ISBN 3–8351–0104–8978–3–8351–0104–3

[47] FRÖLICH, J. ; GARCIA-VILLALBA, M. ; RODI, W.: Scalar mixing and large-scale coherent structures in a turbulent swirling jet. *Flow Turbulence Combustion* 80 (2008), S. 47–59

[48] GIOVANGIGLI, V.: Convergent iterative methods for multicomponent diffusion. *Impact Comput. Sci. Eng* 3 (1991), S. 244–276

[49] GOLDSTEIN, V. ; SOBOLEV, V.: Integral manifolds in chemical kinetics and combustion. In: GINDIKIN, S.G. (Hrsg.): *Singularity Theory and Some Problems of Functional Analysis.* Providence, RI : American Mathematical Society, 1992, S. 73–92

[50] GOLUB, G.H. ; LOAN, C.F. van: *Matrix Compuations.* Baltimore : The Hopkins University Press, 1989

[51] GOREN-INBAR, N. ; ALPERSON, N. ; KISLEV, M.F. ; SIMCHONI, O. ; MELAMED, Y. ;
      BEN-NUN, A. ; WERKER, E.: Evidence of Hominin Control of Fire at Gesher Benot
      Ya'aqov, Israel. *Science* 304 (2004), Nr. 5671, S. 725–727

[52] GOWLETT, J.A.J.: The early settlement of northern Europe: Fire history in the
      context of climate change and the social brain. *Comptes Rendus - Palevol* 5 (2006),
      Nr. 1-2, S. 299–310

[53] GUIN, C.: Characterization of autoignition and flashback in premixed injection sy-
      stems. In: *AVT Symposium on Gas Turbine and Engine Combustion, Emissions and
      Alternative Fuels TP1998-227* ONERA, 1998

[54] HADJINICOLAOU, M. ; GOUSSIS, D.A.: Asymptotic solution of stiff PDEs with the
      CSP method: The reaction diffusion equation. *SIAM journal of Scientific Computing*
      20 (1999), S. 781–910

[55] HALL, M.G.: Vortex breakdown. *Annual Review of Fluid Mechanics* 4 (1972), S.
      195–218

[56] HAWKES, E.R. ; SANKARAN, R. ; SUTHERLAND, J.C. ; CHEN, J.H.: Direct numerical
      simulation of turbulent combustion: fundamental insights towards predictive models.
      Journal of Physics: Conference Series 16 (2005), S. 65–79

[57] HAWORTH, D.C.: Progress in probability density function methods for turbulent
      reacting flows. *Progress in Energy and Combustion Science* 36 (2010), Nr. 2, S. 168
      – 259

[58] HAWORTH, D.C. ; POPE, S.B.: A Generalized Langevin Model for Turbulent Flows.
      Physics of Fluids 29 (1986), S. 387–405

[59] HOMANN, K.H.: *Reaktionskinetik.* Steinkopff, Darmstadt, 1975

[60] IPCC: Climate Change 2007: Synthesis Report / Intergovernmental Panel on Climate
      Change. 2007. – Forschungsbericht

[61] JANICKA, J. ; KOLBE, W. ; KOLLMANN, W.: Closure of the Transport Equation of the
      Probability Density Function of Turbulent Scalar Flieds. *Journal of Non-Equilibrium
      Thermodynamics* 4 (1979), S. 47–66

[62] JENNY, P. ; MURADOGLU, M. ; LIU, K. ; POPE, S.B. ; CAUGHEY, D.A.: PDF
      Simulations of a Bluff-Body Stabilized Flow. *Journal of Computational Physics* 169
      (2000), S. 1–23

[63] JENNY, P. ; POPE, S.B. ; MURADOGLU, M. ; CAUGHEY, D.A.: A Hybrid Algorithm for the Joint PDF Equation of Turbulent Reactive Flows. *Journal of Computational Physics* 166 (2001), S. 218–252

[64] JONES, W.P. ; LAUNDER, B.E.: The prediction of laminarization with a two-equation model of turbulence. *International Journal of Heat and Mass Transfer* 15 (1972), S. 301–314

[65] JONES, W.P. ; WHITELAW, J.H.: Modelling and measurement in turbulent combustion. In: *Twenth Symposium (International) on Combustion* The Combustion Institute, 1985, S. 233–249

[66] KANEDA, Y. ; ISHIHARA, T.: High-resolution direct numerical simulation of turbulence. *Journal of Turbulence* 7 (2006), Nr. 20

[67] KIESEWETTER, F.: *Modellierung des verbrennungsinduzierten Wirbelaufplatzens in Vormischbrennern*, Technische Universität München, Fakultät für Maschinenwesen, Dissertation, 2005

[68] KIESEWETTER, F. ; HIRSCH, C. ; FRITZ, J. ; KRÖNER, M. ; SATTELMAYER, T.: Two-Dimensional Flashback Simulation in Strongly Swirling Flows. In: *Proceedings of ASME Turbo Expo*, 2003

[69] KONLE, M. ; KIESEWETTER, F. ; SATTELMAYER, T.: Simultaneous high repetition rate PIV-LIF-measurements of CIVB driven flashback. *Experiments in Fluids* 44 (2008), Nr. 4, S. 529–538

[70] KRÖNER, M.: *Einfluss lokaler Löschvorgänge auf den Flammenrückschlag durch verbrennungsinduziertes Wirbelaufplatzen*, Technische Universität München, Fakultät für Maschinenwesen, Dissertation, 2003

[71] LANGEVIN, P.: On the Theory of Brownian Motion. *C. R. Acad. Sci. (Paris)* 146 (1908), S. 530–533

[72] LAUNDER, B.E. ; REECE, G.J. ; RODI, W.: Pogress in the development of a Reynolds-stress turbulence closure. *Journal of Fluid Mechanics* 68 (1975), Nr. 3, S. 537–566

[73] LAW, C.K.: Combustion at a crossroads: Status and prospects. In: *Proceedings of the Combustion Institute* Bd. 31, 2007, S. 1–29

[74] LEIBOVICH, S.: The structure of vortex breakdown. *Annual Review of Fluid Mechanics* 10 (1978), S. 221–246

[75] LEUCKEL, W. ; ZARZALIS, N.: *Theorie turbulenter StrÃűmungen ohne und mit Ãij-berlagerter Verbrennung, Skriptum zur Vorlesung.* Engler-Bunte-Institut Bereich Verbrennungstechnik, Uni Karlsruhe, 2003

[76] LEWIS, B. ; ELBE, G. von: *Combustion, Flames and Explosions of Gases.* New York, Academic, 1987

[77] LIBBY, P.A. ; WILLIAMS, F.A.: *Turbulent Reacting Flows.* Academic Press, 1994

[78] LIBBY, Paul A.: *Introduction to turbulence.* Washington, DC [u.a.] : Taylor and Francis, 1996 (Combustion)

[79] LINDEMANN, F.A.: Discussion on „The radiation theory of chemical action ". *Transactions of the Faraday Society* 17 (1922), S. 598–606

[80] LIPP, S. ; MAGAGNATO, F. ; MAAS, U.: A hybrid transported PDF/CFD model for turbulent flames using REDIM. In: *Proceedings of the European Combustion Meeting, Vienna, Austria*, 2009

[81] LIU, B.J.D. ; POPE, S.B: The performance of *in situ* adaptive tabulation in computations of turbulent flames. *Combustion Theory and Modelling* 9 (2005), Nr. 4, S. 549–568

[82] LIU, K. ; POPE, S.B. ; CAUGHEY, D.A.: Calculations of Bluff-Body Stabilized Flames Using a Joint Probability Density Function Model with Detailed Chemistry. *Combustion and Flame* 141 (2005), S. 89–117

[83] LOPEZ, J.M.: Axisymmetric vortex breakdown part 1: confined swirling flow. *Journal of Fluid Mechanics* 221 (1990), S. 533–552

[84] LOVETT, J.A. ; ABUAF, N.: Emissions and stability characteristics of flameholders for lean premixed combustion. In: *Proc. International Gas Turbine and Aeroengine Congress*, 1992

[85] LUMLEY, J.: Computational modeling of turbulent flows. *Advances in Applied Mechanics* 18 (1978), S. 124–174

[86] MAAS, U.: *Mathematische Modellierung instationärer Verbrenungsprozesse unter Verwendung detaillierter Reaktionsmechanismen*, Ruprecht-Karls-Universität Heidelberg, Dissertation, 1988

[87] MAAS, U.: *Chemie der Verbrennung.* Vorlesungsmanuskript, ITT, Universität Karlsruhe (TH), 2007

[88] MAAS, U.: *Statistische Modelle turbulenter Flammen.* Vorlesungsmanuskript, ITT, Universität Karlsruhe (TH), 2009

[89] MAAS, U. ; POPE, S. B.: Simplifying Chemical Kinetics: Intrinsic Low-Dimensional Manifolds in Composition Space. *Combustion and Flame* 88 (1992), S. 239–264

[90] MAAS, U. ; POPE, S.B.: Implementation of Simplified Chemical Kinetics Based on Intrinsic Low-Dimensional Manifolds. In: *Twenty-Fourth Symposium (International) on Combustion* The Combustion Institute, 1992, S. 103–112

[91] MARZOUGUI, H. ; KHLIFI, H. ; LILI, T.: The extension of the Launder, Reece and Rodi model on compressible shear flow. *The European physical journal B, Condensed matter physics* 45 (2005), Nr. 1, S. 147–154

[92] MASRI, A.R. ; BILGER, R.W.: Conditional Probability Density Functions Measured in Turbulent Nonpremixed Flames of Methane Near Extinction. *Combustion and Flame* 74 (1988), S. 267–284

[93] MASRI, A.R. ; BILGER, R.W.: Turbulent non-premixed flames of hydrocarbon fuels near extinction: Mean structure from probe measurements. In: *Twenty-First Symposium (International) on Combustion* The Combustion Institute, Pittsburgh, PA, 1988, S. 1511–1520

[94] MASRI, A.R. ; BILGER, R.W.: Turbulent Nonpremixed Flames of Methane Near Extinction: Probability Density Functions. *Combustion and Flame* 73 (1988), S. 261–285

[95] MASRI, A.R. ; BILGER, R.W. ; DIBBLE, R.W.: Turbulent Nonpremixed Flames of Methane Near Extinction: Mean Stucture from Raman Measurements. *Combustion and Flame* 71 (1988), S. 245–266

[96] MASRI, A.R. ; POPE, S.B.: PDF Calculations of Piloted Turbulent Nonpremixed Flames of Methane. *Combustion and Flame* 81 (1990), S. 13–29

[97] MENEVEAU, C. ; POINSOT, T.: Stretching and quenching of flamelets in premixed turbulent combustion. *Combustion and Flame* 86 (1991), S. 311–332

[98] MERCI, B. ; ROEKAERTS, D. ; NAUD, B.: Study of the perfomance of three micro-mixing models in transported scalar PDF simulations of a piloted jet diffusion flame ("Delft Flame III"). *Combustion and Flame* 144 (2006), S. 476–493

[99] MERCI, B. ; ROEKAERTS, D. ; NAUD, B. ; POPE, S.B.: Comparative Study of Micromixing Models in Transported Scalar PDF Simulations of Turbulent Nonpremixed Bluff Body Flames. *Combustion and Flame* 145 (2006), S. 109–130

[100] MEYER, D.W. ; JENNY, P.: A mixing model for turbulent flows based on parameterized scalar profiles. *Physics of Fluids* 18 (2006), S. 035105-1–15

[101] MONIN, A. ; YAGLOM, A.: *Statistical Fluid Dynamics.* MIT Press, Cambridge, 1971

[102] MURADOGLU, M. ; JENNY, P. ; POPE, S.B ; CAUGHEY, D.A.: A Consistent Hybrid Finite-Volume/Particle Method for the PDF Equations of Turbulent Reactive Flows. *Journal of Computational Physics* 154 (1999), S. 342–370

[103] MURADOGLU, M. ; POPE, S.B. ; CAUGHEY, D.A.: The Hybid Method for the PDF Equations of Turbulent Reactive Flows: Consistency Conditions and Correction Algorithms. *Journal of Computational Physics* 172 (2001), S. 841–878

[104] NAU, M.: *Berechnung turbulenter Diffusionsflammen mit Hilfe eines Verfahrens zur Bestimmung der Wahrscheinlichkeitsdichtefunktion und automatisch reduzierter Reaktionsmechanismen*, Universität Stuttgart, Fakultät für Energietechnik, Dissertation, 1997

[105] NAU, M. ; NEEF, W. ; MAAS, U. ; GUTHEIL, E. ; WARNATZ, J.: Computational and experimental investigation of a turbulent non-premixed methane flame. In: *Twenty-Sixth Symposium (International) on Combustion* The Combustion Institute, 1996, S. 83–89

[106] NAU, M. ; WÖLFERT, A. ; MAAS, U. ; WARNATZ, J.: Applications of a combined pdf/finite volume scheme on turbulent methane diffusion flames. In: *Proceedings of the eighth International Symposium on Transport Phenomena in Combustion*, 1995

[107] NOOREN, P.A. ; WOUTERS, H.A. ; PEETERS, T.W.J. ; ROEKAERTS, D. ; MAAS, U.: Monte Carlo PDF modelling of a turbulent natural-gas diffusion flame. *Combustion Theory and Modelling* 1 (1997), S. 79–96

[108] OERTEL, H.: *Strömungsmechanik.* Vieweg, 1999

[109] OERTEL, H.: *Prandtl-Führer durch die Strömungslehre. Grundlagen und Phänomene.* Braunschweig : Vieweg Verlag, 2002

[110] OIJEN J.A. van ; GOEY L.P.H. de: Modelling of premixed laminar flames using flamelet- generated manifolds. *Compustion Science and Technology* 161 (2000), S. 113–137

[111] OIJEN J.A. van ; GOEY L.P.H. de: Modelling of premixed counterflow flames using the flamelet-generated manifold method. *Combustion Theory and Modelling* 6 (2002), S. 463–478

[112] ORBEGOSO, E.M. ; SILVA, L.F.F. da: Study of stochastic mixing models for combustion in turbulent flows. *Proceedings of the Combustion Institute* 32 (2009), Nr. 1, S. 1595 – 1603

[113] ORSZAG, S.A. ; PATTERSON, G. S.: Numerical Simulation of Three-Dimensional Homogeneous Isotropic Turbulence. *Physical Review Letters* 28 (1972), Nr. 2, S. 76–79

[114] PATEL, V.C. ; RODI, W. ; SCHEUERER, G.: Turbulence Models for Near-Wall and Low Reynolds Number Flows: A Review. *AIAA Journal* 23 (1985), S. 1308–1319

[115] PEPIOT-DESJARDINS, P ; PITSCH, H.: An automatic chemical lumping method for the reduction of large chemical kinetic mechanisms. *Combustion Theory and Modelling* 12 (2008), Nr. 6, S. 1089–1108

[116] PETERS, N.: Numerical simulation of combustion phenomena. *Lecture Notes in Physics* 241 (1985), S. 90–109

[117] PETERS, N.: *Turbulent combustion.* Cambridge University Press, 2000

[118] PETERS, N. ; ROGGS, B.: Reduced Kinetic Mechanisms for Applications in Combustion Systems. In: *Lecture Notes in Physics.* Berlin : Springer-Verlag, 1992

[119] PETERS, N. ; WILLIAMS, F.A.: The asymptotic structure of stoichiometric methane-air flames. *Combustion and Flame* 68 (1987), S. 185–207

[120] PITZ, R.W. ; DAILY, J.W.: Cmbustion in a turbulent mixing layer frmed at a rearward facing step. *AIAA Journal* 21 (1983), S. 1565–1570

[121] PLEE, S.L. ; MELLOR, A.M.: Review of Flashback Reported in Prevaporizing/Premixing Combustors. *Combustion and Flame* 32 (1978), S. 193–203

[122] POPE, S.B: A Monte Carlo Method for PDF Equations of Turbulent Reactive Flow. *Combustion, Science and Technology* 25 (1981), S. 159–174

[123] POPE, S.B: An Improved Turbulent Mixing Model. *Combustion, Science and Technology* 28 (1982), S. 131–135

[124] POPE, S.B.: PDF Methods for Turbulent Reactive Flows. *Progress in Energy Combustion Science* 11 (1985), S. 119–192

[125] POPE, S.B.: Computations of Turbulent Combustion: Progress and Challenges. In: *Twenty-third Symposium (International) on Combustion* The Combustion Institute, Pittsburgh, PA, 1990

[126] POPE, S.B: Lagrangian PDF Methods for Turbulent Flows. *Annual Review of Fluid Mechanics* 26 (1994), S. 23–63

[127] POPE, S.B: On the relationship between stochastic Lagrangian models of turbulence and second moment closures. *Physic of Fluids A* 6 (1994), S. 973

[128] POPE, S.B: Computationally efficient implementation of combustion chemistry using *in situ* adaptive tabulation. *Combustion Theory and Modelling* 1 (1997), S. 41–63

[129] POPE, S.B.: *Turbulent Flows.* Cambrige University Press, 2001

[130] PRANDTL, L. ; OERTEL, H. (Hrsg.): *Prandt-Führer durch die Strömungslehre: Grundlagen und Phänomene.* 12. Aufl. Vieweg+Teubner, 2008

[131] RAMAN, V. ; FOX, R.O. ; HARVEY, A.D.: Hybrid finite-volume/transported PDF simulations of a partially premixed methane-air flame. *Combustion and Flame* 136 (2004), S. 327–350

[132] REN, Z. ; POPE, S.B.: An Investigation of the Performance of Turbulent Mixing Models. *Combustion and Flame* 136 (2004), S. 208–216

[133] REPP, S. ; SADIKI, A. ; SCHNEIDER, C. ; HINZ, A. ; LANDENFELD, T. ; JANICKA, J.: Prediction of Swirling Confined Diffusion Flame with a Monte Carlo and a Presumed-PDF-Model. *International Journal of Heat and Mass Transfer* 45 (2002), S. 1271–1285

[134] ROTTA, J.C.: Statistische Theorie nichthomogener Turbulenz. *Zeitschrift der Physik* 129 (1951), S. 547–572

[135] SAXENA, V. ; POPE, S.B: PDF Simulations of Turbulent Combustion Incorporating Detailed Chemistry. *Combustion and Flame* 117 (1999), Nr. 1-2, S. 340–350

[136] SCHLICHTING, Klaus Hermann ; G. Hermann ; Gersten: *Grenzschicht-Theorie : mit ... 22 Tabellen.* 10., Ãijberarb. Aufl.. Aufl. Berlin : Springer, 2006. – ISBN 3–540–23004–1 ; 978–3–540–23004–5

[137] SOMMERER, Y. ; GALLEY, D. ; POINSOT, T. ; DUCRUIX, S. ; LACAS, F. ; VEYNANTE, D.: Large Eddy Simulation and Experimental Study of Flashback and Blow-off in a Lean Partially Premixed Swirled Burner. *Journal of Turbulence* 5 (2004), S. 1–21

[138] SPALART, P.R.: Direct simulation of a turbulent boundary layer up to $R_\theta = 1410$. *Journal of Fluid Mechanics* 187 (1988), S. 61–98

[139] SPALART, P.R. ; ALLMARAS, S.R.: A One-Equation Turbulence Model for Aerodynamic Flows. *AIAA Journal* (1992), Nr. AIAA-92-0439

[140] SPALDING, D.B.: Mixing and Chemical Reaction in Steady Confined Turbulent Flames. In: *Thirteenth Symposium (International) on Combustion* The Combustion Institute, 1971, S. 649–657

[141] SPEZIALE, C.G. ; ABID, R. ; ANDERSON, E.C.: Critical Evaluation of Two-Equation Models for Near-Wall Turbulence. *AIAA Journal 0001-1452* 30 (1992), Nr. 2, S. 324–331

[142] STANGLMAIER, R.: Homogeneous Charge Compression Ignition (HCCI): Benefits, Compromises, and Future Engine Applications. *Society of Automotive Engineers* (1999)

[143] STÖLLINGER, M. ; HEINZ, S.: Evaluation of scalar mixing and time scale models in PDF simulations of a turbulent premixed flame. *Combustion and Flame* 157 (2010), S. 1671–1685

[144] SUBRAMANIAM, S. ; POPE, S.B: Comparison of Mixing Model Performance for Non-premixed Turbulent Reactive Flow. *Combustion and Flame* 117 (1999), Nr. 4, S. 732–754

[145] SUBRAMANIAM, S. ; POPE, S.B: A Mixing Model for Turbulent Reactive Flows based on Euclidean Minimum Spanning Trees. *Combustion and Flame* 115 (1999), Nr. 4, S. 487–514

[146] SZABLEWZKI, W.: Über das Energiespektrum isotroper Turbulenz. *Analen der Physik* 33 (1976), Nr. 4, S. 300–308

[147] SZEGÖ, G.G. ; DALLY, B.B. ; NATHAN, G.J.: Scaling of NOx emissions from a laboratory-scale mild combustion furnace. *Combustion and Flame* 154 (2008), Nr. 1-2, S. 281 – 295

[148] TANGERMANN, E. ; PFITZNER, M. ; KONLE, M. ; SATTELMAYER, T.: Large-Eddy Simulation and experimental observation of Combustion-Induced Vortex Breadown. In: *Proceedings of the Sixth Mediterranean Combustion Symposium*, 2009

[149] TAVOULARIS, S. ; CORRSIN, S.: Experiments in nearly homogeneous turbulent shear flow with a uniform mean temperature gradient. Part 1. *Journal of Fluid Mechanics* 104 (1981), S. 311–347

[150] TENNEKES, H. ; LUMLEY, J.L.: *A first course in turbulence*. 1. Aufl. MIT Press, 1972. – 300 S.

[151] TOLPADI, A.K. ; HU, I.Z. ; CORREA, S.M. ; BURRUS, D.L.: Coupled Lagrangian Monte Carlo PDF-CFD Computation of Gas Turbine Combustor Flowfields with

Finite-Rate Chemistry. *Journal of Engineering for Gas Turbines and Power* 119 (1997), S. 519–526

[152] VALINO, L. ; DOPAZO, C.: A binomial langevin model for turbulent mixing. *Physics Fluids A* 3 (1991), S. 3034–3037

[153] VAN SLOOTEN, P.R. ; POPE, S.B: Application of PDF Modeling to Swirling and Nonswirling Turbulent Jets. *Flow Turbulence and Combustion* 62 (1999), Nr. 4, S. 295–334

[154] VANEVELD, L. ; HOM, K. ; OPPENHEIM, A.K.: Secondary effects in combustion instabilities leading to flashback. *AIAA Journal* 22 (1984), S. 81–82

[155] VILLERMAUX, J. ; DEVILLON, J.C.: Representation da la coalescence et de la re-dispersion des domaines de segregation dans un fluide par un modele d'interaction phenomenologique. In: *Second International Symposium on chemical Reaction Engineering* Elsevier, New York, 1972, S. 1

[156] VOGELGESANG, M.: *Entwicklung eines Reynolds-Spannungs-Modells zur Modellierung turbulenter Sprayflammen*, Universität Heidelberg, Mathematisch-Naturwissenschaftliche Gesamtfakultät, Dissertation, 2005

[157] VOIGT, T. ; HABISREUTHER, P. ; ZARZALIS, N.: Numerical Investigation of Combustion Induced Flame Flashback in a Premixed Combustion System. In: *Proceedings of the 4th European Combustion Meeting, Vienna, Austria*, 2009

[158] VOIGT, T. ; HABISREUTHER, P. ; ZARZALIS, N.: Simulation of Vorticity Driven Flame Instability Using a Flame Surface Density Approach Including Markstein Number Effects. In: *Proceedings of ASME Turbo Expo*, 2009

[159] WARNATZ, J. ; MAAS, U. ; DIBBEL, R.W.: *Verbrennung*. 3. Aufl. Springer Verlag, Heidelberg - New York, 2001

[160] WASSMER, D.: *Validierung eines hybriden CFD/transported PDF Verfahrens mittels einer turbulenten vorgemischten Methan/Luft Flamme*, Institut für technische Thermodynamik, Universität Karlruhe, Studienarbeit, 2009

[161] WILLIAMS, F.A.: *Combustion Theory*. New York, Benjamin-Cummings, 1985

[162] WÖLFERT, A.: *Verwendung von Wahrscheinlichkeitsdichtefunktions- Methoden zur Modellierung turbulenter reaktiver Strömungen*, Universität Stuttgart, Fakultät für Energietechnik, Dissertation, 1997

[163] WÖRZ, B.: *Validierung eines hybriden CFD/transported PDF Verfahrens mittels einer turbulenten nicht-vorgemischten Methan/Luft Flamme*, Institut für technische Thermodynamik, Universität Karlruhe, Studienarbeit, 2009

[164] XIAO, K. ; SCHMIDT, D. ; MAAS, U.: PDF simulation of turbulent non-premixed CH_4/H_2-air flames using automatically simplified chemical kinetics. In: *Twenty-Seventh Symposium (International) on Combustion* The Combustion Institute, 1998, S. 1073–1080

[165] XU, J. ; POPE, S.B: Assessment of Numerical Accuracy of PDF/Monte Carlo Methods for Turbulent Reacting Flows. *Journal of Computational Phsics* 152 (1999), Nr. 1, S. 192–230

[166] ZHANG, H.S. ; SO, R.M.C. ; SPEZIALE, C.G. ; LAI, Y.G.: A near-wall two-equation model for compressible turbulent flows. In: *Aerospace Siences Meeting and Exhibit, 30th, Reno, NV* AIAA, 1992, S. 23

[167] ZHANG, Y.Z. ; HAWORTH, D.C.: A general mass consistency algorithm for hybrid particle/finite-volume PDF methods. *Journal of Computational Physics* 194 (2004), S. 156–193

Lebenslauf

Personalien

Name: Stefan Lipp

Geburtsdatum: 17.09.1978

Geburtsort: Heidelberg

Werdegang

1985-1989   Grundschule Rüppurr

1989-1998   Max-Planck-Gymnasium Karlsruhe

1998-1999   Zivildienst bei der ISB Karlsruhe

1999-2004   Studium Maschinenbau Universität Karlsruhe

seit 2004   Akademischer Mitarbeiter am Institut für Technische
                Thermodynamik des Karlsruher Instituts für Technologie (KIT)